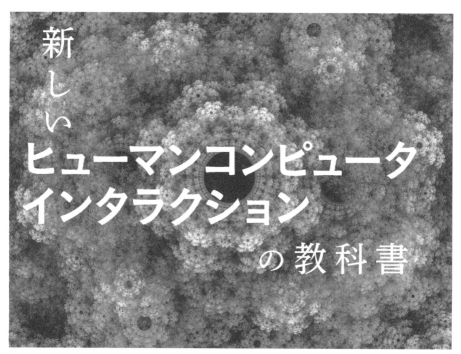

新しい
ヒューマンコンピュータ
インタラクション
の教科書

基礎から実践まで

玉城絵美 [著]
琉球大学工学部教授／ H2L, Inc. CEO

JN047151

講談社

はじめに

　私のとある一日を説明します．朝，スマートフォンの目覚ましで目が覚めます．「停止」ボタンよりも「スヌーズ」ボタンのほうが目立つようにデザインされているので，「スヌーズ」ボタンを押して安心して二度寝ができます．沖縄から東京のオフィスに出勤するために，タクシー配車アプリで空港行きのタクシーを呼びます．迎えにくるタクシーが今どこにいるのかや，迎えにくるまでの時間が，スマートフォンの画面上で非常にわかりやすくなっています．空港に着いたら，自動チェックイン機を使ってチェックインします．自動チェックイン機の画面上では，多すぎない項目が，それぞれ文字が見やすいサイズで並んでいるので，快適に操作することができます．夜寝る前，スマートフォンの音声アシスタント機能で翌朝のアラームをセットします．ゲームで両手がふさがっていても入力できるので，とても便利です．

　本書のテーマであるヒューマンコンピュータインタラクション（HCI）とは，スマートフォン，タクシー配車アプリ，自動チェックイン機，音声アシスタント機能など，コンピュータやコンピュータが組み込まれた機器と，人間との相互作用を研究する分野です．その目的は，人間とコンピュータがお互いに豊かに共存していくための手法を模索していくこと，つまりコンピュータを使うことで人間が「安心」「わかりやすい」「快適」「便利」などの優れた体験を得ることを目指しています．

　本書では，私の大学での研究教育の経験や，経営する会社での開発と製品化の経験から，これからHCIを学ぼうとしている人が，HCIの全体像をつかむために最低限必要と思われる内容を網羅しました．HCIの概要からはじめ，人間やコンピュータの情報入出力の特性，HCIの設計のポイントや評価技法，より豊かなコミュニケーションを目指す近年の技術について触れています．紙幅の都合もあり，詳しくは説明できなかったトピックもあります．読んでいてもっと知りたいと思うことがあれば，ぜひその分野の成書や論文をひもといていただければと思います．

　本書は情報系学部の学部生を主な対象としてはいますが，他の専攻の学生

や，HCI分野と共同研究する他分野の研究者，またコンピュータに関わるすべてのビジネスパーソン(Webサービスの企画に携わる方，Webデザイナー，UI／UXデザイナー，アプリ開発者，ゲーム開発者，システムエンジニアなどなど）にもお役立ていただけると思っています．

　特に，すでに開発を行っている方には，ぜひ「第9章　ユーザインタフェースの設計」を熟読いただきたいです．製品のユーザインタフェースとして必要な項目を詰め込んだ章です．第9章に書いてあることは全部できるようにしましょう．

　さらに進路を検討している高校生や，知見を広めたい一般の方にも，ぜひ読んでいただきたいと思っています．第1章で説明しますが，HCIが対象とする範囲は非常に広く，HCIは懐の深い（？）分野です．私の周りのHCI研究者にも，もともとは生物学や音楽など，情報系ではない分野を専攻していた人が少なくありません．さらに歴史からみると，現代は情報を伝達する装置，つまりインタフェースが普及しやすくなっています．ぜひHCI分野に飛び込んで，新しいインタフェースを生み出していただけたら，世界は一層楽しいものになるのではと思います．

　本書が，みなさんのHCIに対する理解の一助になることを願います．

2022年9月 玉城絵美

Contents
目次

第3章　HCI の情報入出力　　39

第 **1** 章

ヒューマンコンピュータ インタラクションとは

本章では，ヒューマンコンピュータインタラクション（HCI）の全体像をお話しします．まず HCI とは何か，また HCI と切り離せない関係にあるインタフェース，特にヒューマンインタフェースとは何かを説明します．次に HCI の大まかな歴史をお話ししたあと，HCI 研究の他分野や産業とのつながりや，研究成果が産業活用されるまでの基準 TRL について説明します．

キーワード

- ☐ ヒューマンコンピュータ
  インタラクション（HCI）
- ☐ インタフェース
- ☐ ヒューマンインタフェース
- ☐ HCI の歴史
- ☐ TRL

1.1 HCI の概要

1.1.1 HCI とは

ヒューマンコンピュータインタラクション (HCI: human-computer interaction) とは, 人間とコンピュータの相互作用を促進する情報科学の研究分野の 1 つです. CHI (computer-human interaction) といわれることもあります. "interaction" は, ラテン語の inter (相互に) と action (作用) を語源としており, 相互作用や双方向コミュニケーションと定義づけられます.

人間とコンピュータのインタラクションでは, 人間がシステムに対し作用をしたとき, その作用は一方通行にならず, システムが人間の作用に反応を返します. この逆も同様で, システムが人間に対し作用をしたとき, 人間はシステムに反応を返します.

たとえば,「ディスプレイに表示されたボタンを人間 (ユーザ) がポインタでクリックしたら, コンピュータが映像を再生する」あるいは「コンピュータがパスワード入力をユーザに音声で依頼し, 人間 (ユーザ) がキーボードでパスワードを入力する」といったように, 人間とコンピュータが互いに情報を入出力し反応を返しながらコミュニケーションをとっています (図 1.1).

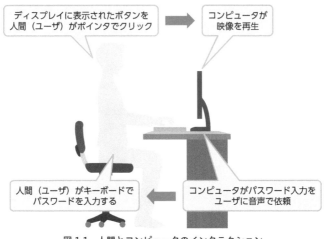

図 1.1　人間とコンピュータのインタラクション

　現代では，スマートフォンや飲食店などに置いてあるタブレット端末など，人間とコンピュータとの情報のコミュニケーションのほとんどが HCI と関連しています．デジタルサイネージ（電子看板）にカメラを搭載し，広告を流したときの視聴者の視線や表情を調べるのも，HCI に関連するシステムの1つです．

　HCI を研究する目的は，人間とコンピュータがお互いに豊かに共存していくための手法を模索していくことです．そのため，HCI の研究や関連する開発を進めるためには，人間とコンピュータの両面を知る必要があります（**図1.2**）．

　具体的には，人間に関しては，身体，心理学や脳科学，さらには，生活や社会構造などの知識を，コンピュータに関しては，情報，ソフトウェア，ハードウェアやデザインなどの知識を身につける必要があります．研究開発の基本となる学問は，計算機科学，ソフトウェア科学，情報科学といった情報工学ですが，認知科学，社会科学，文化人類学，教育学，組織学，経営学，メディア学，芸術学も深く関連しています．

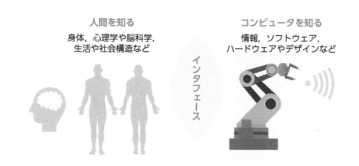

図 1.2　HCI に必要な知識とインタフェース

1.1.2　HCI とヒューマンインタフェース

　HCI を語るうえで欠かせないものとして，**インタフェース** (interface) が挙げられます．インタフェースとは，異なる2つのものをつなぐ境界面という意味であり，HCI の文脈では，人間とコンピュータ，あるいはコンピュータ同士に相互作用的なやり取りを可能とさせるプロトコルを意味します．プ

ロトコルとは，たとえば「人がコンピュータのシャットダウンボタンを押したら，コンピュータが電源をオンからオフへと切り替える」といった，システムの一定の処理手順を示します．

　インタフェースの種類として，コンピュータシステム内，あるいはシステム間のインタフェースや，人間と機械の間のインタフェースなどがあります．たとえば，「デバイスインタフェース」は，コンピュータのハードウェアとハードウェアをつなぐインタフェースです．「**ヒューマンインタフェース** (HI: human interface, man machine interface, 日本以外では HMI: human machine interface)」は，人間とコンピュータの間の伝達を行う，機器やコンピュータプログラムなどといったインタフェースです．HCI では，人間とコンピュータの相互作用を促進するために，ヒューマンインタフェースの研究開発が欠かせません．また，**ユーザインタフェース** (UI: user interface) という言葉もあります．ユーザインタフェースは，機械，特にコンピュータと，その機械の利用者の間での情報をやり取りするためのインタフェースです．ヒューマンインタフェースと，ほぼ同義ですが，ユーザインタフェースでは，利用者が鶏などの動物である場合もあります．

　ヒューマンインタフェースは，人間とコンピュータの境界面に注目し，ヒューマン→マシン，マシン→ヒューマンの作用を主に考えます．HCI は，双方向の作用を考え，インタフェースを提案し，インタフェースを使うことで人間やユーザがどう感じるのか，どういう現象が起きるのか，といった社会的・文化的な面も研究の対象とします．

Let's think 1.1

　身の回りにある，HCI 研究成果によるシステムや装置を挙げてみましょう．そのシステムや装置の具体的なインタラクションを説明してみましょう．

例)
《システムや装置》スマートフォンのタッチパネル
《具体的なインタラクション》ユーザが指でタッチパネルを触って，2 次元座標を入力する．コンピュータが 2 次元座標の指示に従って動画像や音の情報を出力する．

1.2 HCI の歴史

HCI が始まったのは，機械装置に情報を入力するようになった 18 世紀にまで遡ります．

1960 年代には，HCI（"man-computer interaction" も含む）の言葉を含む論文が複数発表されています．その後，コンピュータの需要が高まり，1983 年にカード（Card, S.K.），ニューウェル（Newell, A.），モラン（Moran, T.P.）の著書 *The Psychology of Human-Computer Interaction* で，HCI が詳細に定義され，社会的に普及しました．

言葉で定義される前から，HCI の研究は始まっていました．その代表例を紹介します．

1.2.1 文字情報の入出力から CUI

18 世紀以降，さまざまな発明家がタイプライターを製作しました．タイプライターは，人が文字盤を打鍵することで活字を紙に打ち付け，文字を印字する機械です．19 世紀後半には単なる発明品ではなくて，製品としていろいろな種類のタイプライターが発売されました．

実用的なコンピュータが開発される前の 1945 年に，ブッシュ（Bush, V.）は，Atlantic Monthly 誌と Life 誌で発表した記事 "As We May Think" にて，**memex** とよぶ概念を提唱しました．memex は機械的な机で，どんな種類の文書でも表示することができ，さらにそれらに注釈やリンクをつけられるというものです．この概念は，後ほどネルソン（Nelson, T.H.）やエンゲルバート（Engelbart, D.C.）によって開発されるハイパーテキストに大きな影響を与えます．

各社でコンピュータの開発が進む中，1965 年に，ネルソンは**ハイパーテキスト**（hypertext）という言葉を生みました．コンピュータ上で複数の文章同士，図表，音声や動画などさまざまなコンテンツにリンクできるしくみです．その 3 年後，エンゲルバートがハイパーテキストインタフェースのデモンストレーションを公衆の前で行いました．1980 年代に Guide（MS-DOS）や HyperCard（Macintosh）などのパーソナルコンピュータ用のハイパーテキストシステムが発表され，ハイパーテキストは一気に一般に普及しました．

　ハイパーテキストの最も有名な応用例の 1 つに WWW（World Wide Web）があります．WWW は，欧州原子核研究機構（CERN）に所属していたバーナーズ＝リー（Berners-Lee, T.）によって，1989 年に発明，1991 年に一般公開されました．WWW は，ハイパーテキストの概念をインターネット上で実装し，世界中の情報をリンク構造によってつないでいます．現在，ハイパーテキストは，私たちがコンピュータと言語的に情報交換するのに欠かせないインタフェースとなっています．

　1960 年代〜 1980 年代は，キャラクターユーザインタフェース（**CUI**，文字中心のインタフェース．3.2 で詳しく説明します）の時代です．

1.2.2　**GUI とマウス**

　1990 年代から，グラフィカルユーザインタフェース（**GUI**，グラフィックス中心のインタフェース．3.2 で詳説）の時代になります．

　GUI の先駆けは，少し時代が戻って 1963 年，サザランド（Sutherland, I.E.）が博士論文の一環で作成した Sketchpad（**図 1.3**）です．Sketchpad は，視覚的な情報でユーザとコンピュータが情報交換し，言語情報だけでなく描画，つまり CAD[※1] の機能を備えていました．

　1960 年代には，エンゲルバートによって**マウス**が発明されました．

図 1.3　Sketchpad を操作するサザランド
（Sutherland, I.E. の元の写真から Rodden, K. がスキャン，
CC BY-SA 3.0, ウィキメディア・コモンズ経由）

※ 1　コンピュータを用いて設計をすること，あるいはコンピュータによる設計支援ツールのこと．

当時，ユーザインタフェースで有名な研究機関として，ARPA（Advanced Research Projects Agency，高等研究計画局），スタンフォード研究所，ゼロックスのパロアルト研究所（PARC），ベル研究所（現在の AT&T）があり，それぞれが GUI やマウスでのユーザインタフェースの研究を行っていました．1970 年代にゼロックスが開発したコンピュータ Alto には，GUI の表現が可能なビットマップディスプレイ[※2]とマウスが実装されていました．しかし，マウスは研究として発展しつつも，当時のコンピュータは専門家が扱うもので，CUI が一般的であったため，普及はしていませんでした．

その後，Apple 社が 15 ドルでマウスを製造することに成功し，1983 年に GUI とマウスを実装したパーソナルコンピュータ Lisa を発売し，1984 年には Macintosh を発売しました．以降，コンピュータは GUI が標準となり，普及を続けています．

 Let's think 1.2

ここ 5 年以内の HCI の研究論文を 3 つ調べ，あなたがどう使えるか説明してみましょう．

例）
《研究》鶏を遠隔でハグする研究（ここ 5 年以内の研究論文ではないですが）
Strickland, E.: Adrian Cheok: Making a Huggable Internet An inventor builds gear to transmit touches, tastes, and more, *IEEE Spectrum* (2012), available from 〈https://spectrum.ieee.org/at-work/tech-careers/adrian-cheok-making-a-huggable-internet〉 (accessed 2022-11-09).
《どう使えるか》遠隔地に暮らしている家族とテレビ電話でコミュニケーションするだけでなく，ハグもして愛情を深める．

※2　画面上の任意の場所の点（画素）の明るさ・色を変えられるディスプレイ．グラフィックスなどの表示に適しているので，現在の標準的な表示装置になっています．

1.3 他分野とのつながり

　HCI，ヒューマンコンピュータインタラクションという研究分野は，さまざまな分野とつながっているということを 1.1 節で述べました．本節では，その内容をもう少し深く掘り下げて，説明していきたいと思います．

　HCI の研究は研究計画時にも実験時にも，複数の視点から検討と調査を重ねます．

　研究計画時には，人間とコンピュータの相互作用の構成に適した方法を，教育学や組織学，経営学，メディア学，芸術学といったさまざまな観点から，研究の新規性や寄与（学術的あるいは産業的な貢献）を検討します．

　さらに実験時には，人間とコンピュータのコミュニケーションの最適性をみるために，人間を対象に，あるいはコンピュータを対象に実験して，複数の方面からその再現性と有用性について分析します．

　人間を対象にした実験では，基礎心理学，認知科学，マルチエージェントシステムによるシミュレーション（p.131）や，民族誌学（エスノグラフィー）※3 など，複数の分野の手法を用いて，人間とコンピュータの相互作用の有用性を調査します．

　たとえば，情報入力方法の最適性をみるために，人間が不快と感じるか，快と感じるか，満足感があるかどうかなどを心理学の手法を用いて実験することがあります．組織として大量の人間が関わってくる場合は，マルチエージェントシステムを用いてシミュレーションしたり，実社会に導入してみて社会心理学やエスノグラフィーを用いて実験することもあります．人間へ情報提示するインタフェースの挙動の正確さを調査する精度実験に，機械工学や制御工学の知見を用いることがあります．

　図 1.4 は，情報処理学会 HCI 研究会にて，HCI 研究者が他の分野とどの程度融合発展しているのかを調査した結果です．過半数を超える HCI 研究者が，基礎研究や応用研究と融合発展（コラボレーション）していることがわかります．また，8 割以上の HCI 研究者が企業との連携も深めています．

※3　集団・社会の生活・行動様式を調査し記録すること．p.102 参照．

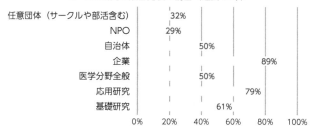

図 1.4　HCI 研究の融合発展の割合（上：現在，下：過去 10 年）
（2019 年情報処理学会 HCI 研究会調べ．2019 年 9 月 3 日〜 6 日の間，
HCI 研究者 38 人を対象に調査が実施された．回答者は 30 代〜 60 代）

　このように，HCI は，学術的な基礎研究分野や応用研究分野と連携し，さらには産業的な貢献を検証するために，企業や行政とも連携しながら，多数の分野と融合発展していく分野です．

　さまざまな分野と連携して研究しなければいけないので，研究・実験目的に応じて，他の分野の研究者と連携したり，実験ごとに実験手法を学習したり，あるいは設計ごとに設計手法を HCI 研究者自身で学習したりする積極性が必要になります．

Let's think 1.3

　Let's think 1.2 で調べた HCI 研究論文は，どの分野とつながっていますか？　調査して，説明してみましょう．

1.4 産業とのつながり

　前節で述べた通り，HCI 研究は基本的には基礎研究から応用研究までのすべての分野と関わりがありますが，どちらかというと，応用研究に位置することが多い研究分野です．研究の基礎から応用までのレベルについて，1 つの基準として一般的に有名なものを取り上げ，HCI 研究がどこに位置するのかをお話ししていこうと思います．

　研究成果が産業に移行するまでのレベルの基準として，NASA が発表した **TRL**（technology readiness level，テクノロジーレディネスレベル）があります（**図 1.5**）．TRL では，スペースシャトルの原理の可能性提示のレベル 1 から始まり，スペースシャトルの実機が飛んだあとの性能評価のレベル 9 までを，9 の段階で示しています．

　TRL は，宇宙開発だけでなく，研究成果が産業活用されるまでの基準として，多く利用されています．レベル 1 を研究の原理の可能性提示，レベル 9 を産業製品として市場投入したあとの評価としてみます．日本でも，JAXA や環境省などで導入されています．

　TRL に当てはめることで，各研究の位置を知ることができます．

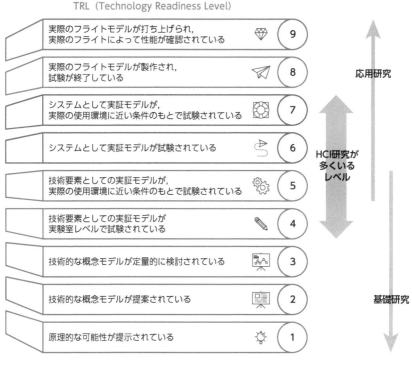

TRL（Technology Readiness Level）

実際のフライトモデルが打ち上げられ，実際のフライトによって性能が確認されている	⬦	9
実際のフライトモデルが製作され，試験が終了している	✈	8
システムとして実証モデルが，実際の使用環境に近い条件のもとで試験されている	✿	7
システムとして実証モデルが試験されている	➘	6
技術要素としての実証モデルが，実際の使用環境に近い条件のもとで試験されている	⚙	5
技術要素としての実証モデルが実験室レベルで試験されている	✏	4
技術的な概念モデルが定量的に検討されている	📊	3
技術的な概念モデルが提案されている	🖥	2
原理的な可能性が提示されている	☼	1

応用研究

HCI研究が
多くいる
レベル

基礎研究

図 1.5　TRL からみた HCI の位置
（NASA, 2012 より作成）

　レベル 7 以降は，産業分野，つまり企業の研究所や開発部にて実施されることが多い応用研究です．特にレベル 9 は，量産化ラインができあがって製品が市場投入された後の評価となるため，企業で実施されることがほとんどです．

　HCI 研究は，いろいろな分野と発展融合しながら進めるので，基本的にはレベル 1 から 9 までのどこの位置にいても問題ありませんが，レベル 4 から 7 までが実施されることが多いです．

　もし，あなたが HCI の研究成果を産業投入することを目指すなら，「自分の研究レベルがこの TRL のどこに位置しているのか？」「それぞれのレベルをクリアするためにはどのくらいの時間がかかるのか？」を把握しながら，研究を進めていくことをおすすめします．

Let's think 1.4

Let's think 1.2 で調べた HCI 研究論文は，TRL のどのレベルにいる研究ですか？また，TRL の次のレベルに行くためには，どのような研究や事業連携が必要ですか？説明してみましょう.

第 **2** 章

人間の感覚

HCI の研究を行ううえで，人間の感覚を知らなければ，コンピュータから人間へ，どのように情報を伝えるのが良いのかを考えることができません．コンピュータがどんなに大量の情報を出力していても，人間が情報をとらえられない（知覚あるいは認知できない）のであれば，その情報は人間にとってはなかったことになります．本章では，人間の感覚にはどのような種類があり，どのように情報をとらえているかを学んでいきましょう．

キーワード

- ☐ 感覚
- ☐ 知覚
- ☐ 認知
- ☐ 特殊感覚
- ☐ 視覚
- ☐ 聴覚
- ☐ 味覚
- ☐ 嗅覚
- ☐ 平衡覚
- ☐ 体性感覚

- ☐ 表層感覚
- ☐ 固有感覚
- ☐ 内臓感覚
- ☐ 臓器感覚
- ☐ 内臓痛覚
- ☐ 時間感覚
- ☐ マルチモーダル
- ☐ クロスモーダル

2.1 人間の感覚の概要

　人間の感覚の理解を深めることで，人間とコンピュータのお互いにとって，より適した相互作用が見つかりやすくなります．たとえば，食レポのテレビ番組では，ディスプレイから視聴者へ視覚的な情報を伝えていますが，食べ物の情報を伝えるには，本当は匂いを伝える（嗅覚で伝える）ほうが良いと考えることができます．また，宇宙飛行士の酔いの感覚を伝えるには，平衡覚を使うのが良いと考えることができます．

2.1.1　知覚と認知

　人間のさまざまな感覚に与えられる情報は**知覚**され，その後**認知**されます．知覚とは，それぞれの感覚の強さや質などの物理量を区別することです．認知とは，知覚で得られた物理量や過去の情報から，得られた情報が何であるか解釈するプロセスやその結果を示しています．つまり，人間の中では，1つの感覚から，知覚と認知によって物理量と解釈結果の2種類の情報が取り扱われています．たとえば，赤くて丸いものをとらえることが知覚で，それをリンゴと解釈することが認知となります（**図 2.1**）．

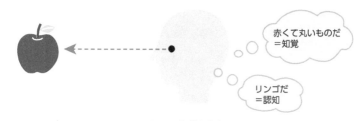

図 2.1　知覚と認知

2.1.2　人間の感覚の分類と種類

　古代ギリシャの哲学者アリストテレス（Aristotle）は，著書『霊魂論』において，初めて人間の感覚を分類し，感覚には視覚，聴覚，触覚，味覚，嗅

覚の5つが存在すると説きました.

　現代では，感覚には，視覚，聴覚，味覚，嗅覚，平衡覚，触覚，固有感覚，時間感覚など，さまざまな種類があることがわかっています．人間の感覚は，大きく分けて**特殊感覚**，**体性感覚**と**内臓感覚**の3つに分類されます．感覚の分類と種類を**図 2.2**に示します.

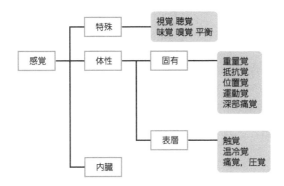

図 2.2　人間の感覚の分類と種類

　特殊感覚（special sense）とは，それぞれの感覚のために特殊な感覚器を備えている感覚です．視覚，聴覚，味覚，嗅覚と平衡覚に分けられます．たとえば，視覚のためには，眼という特殊な感覚器を備え，視神経を伝って感覚器で得られた情報を脳に伝達します.

　体性感覚とは，特殊な感覚器を持たず，外からははっきり見えず，皮膚，筋肉，腱などの内部にある受容器で感じる感覚です．皮膚表面に近いところで感覚情報を知覚する**表層感覚**（superficial sensation，皮膚感覚ともいいます）と，体の深いところで感覚情報を知覚する**固有感覚**（proprioceptive sense（深部感覚，deep sensation ともいいます））の2つに分類されます.

　内臓感覚については，研究されていない未解明な部分も多く存在しますが，少なくとも**臓器感覚**と**内臓痛覚**（臓器痛覚）があるとわかっています.

　次節から，各感覚を詳しく説明していきます.

Let's think 2.1

　ジェットコースターに乗った感覚を，コンピュータを経由して人間へ伝えるためには，人間のどの感覚にアプローチする必要があるでしょうか？　優先順位をつけて，列挙してみましょう．

例）平衡覚，聴覚，視覚，内臓感覚

ウェーバー - フェヒナーの法則

　ウェーバー - フェヒナーの法則とは，人間の感覚量は，受ける刺激の強度の対数に比例するという法則です．感覚量とは，人が主観的に感じる感覚の強さのことです．

ウェーバーの法則

　ウェーバー（Weber, E.H.）は，1834年に重さの感覚についての実験を行い，ウェーバーの法則を発見しました．ウェーバーの法則とは，はじめに加えられる基礎刺激の強度を R，R に対する識別閾値を ΔR とすると，R と ΔR の比は，一定となる，というものです．

$$\frac{\Delta R}{R} = \text{constant} \quad \cdots\cdots\cdots\cdots\cdots\cdots\cdots\cdots\cdots\cdots\cdots (1)$$

　この一定となる値（constant）をウェーバー比といいます．
　重さの感覚実験を例に説明します．

実験1 （図2.3）

　被験者の手のひらに100gの重りを乗せるとします．この100gが基礎刺激の強度 R になります．
　被験者の手のひらに，追加で重り5gを乗せたときには被験者は追加の重りに気づきませんでした．しかたがないので追加の重り5gは，被験者の手のひらから下ろして捨ててしまいましょう．
　今度は，追加の重り10gを乗せると，やっと被験者が追加の重りに気づきました．この10gが識別閾値 ΔR になります．

「はじめに乗せた重さ」と「追加したことに被験者が気づいた重さ」の2つの重さの比率を算出してみましょう.

$$\frac{\text{追加したことに被験者が気づいた重さ} \Delta R \ 10\text{g}}{\text{はじめに乗せた重さ} R \ 100\text{g}} \qquad\cdots\cdots\cdots\cdots\cdots\cdots \ (2)$$

$= \text{constant}$（ウェーバー比, 定数）

実験 2 （図 2.4）

次に，被験者の手のひらに 1,000g の重りを乗せます．実験 2 ではこの 1,000g が基礎刺激の強度 R になります.

被験者の手のひらに，追加で重り 10g を乗せたときには被験者は追加の重りに気づきませんでした．しかたがないので追加の重り 10g は，被験者の手のひらから下ろしましょう.

今度は，追加の重り 100g を乗せると，被験者が追加の重りに気づきました．この 100g が識別閾値 ΔR になります.

$$\frac{\Delta R \ 100\text{g}}{R \ 1000\text{g}} = \text{constant}（ウェーバー比, 定数） \qquad\cdots\cdots\cdots\cdots\cdots\cdots \ (3)$$

式 (2) と式 (3) で算出された比率は，いずれも 0.1 となります．ウェーバー比は，R が変わっても変わりません．これがウェーバーの法則です.

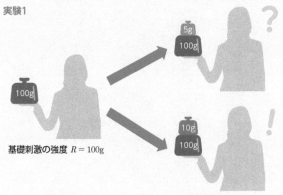

実験1

基礎刺激の強度 $R = 100$g

識別閾値 $\Delta R = 10$g $\quad \Delta R / R = 10/100 = 0.1$

図 2.3 実験 1

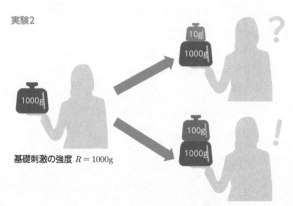

基礎刺激の強度 $R = 1000\mathrm{g}$

識別閾値 $\Delta R = 100\mathrm{g}$ $\Delta R / R = 100/1000 = 0.1$

図 2.4 実験 2

ウェーバー - フェヒナーの法則

ウェーバーの弟子であるフェヒナー（Fechner, G.T.）は，1860 年に刊行した書籍で，今日「ウェーバー - フェヒナーの法則」とよばれる法則を発表しました．この法則は，感覚量を P，刺激の強度を R，k と c を定数としたとき，式（4）が成り立つ，というものです．

$$P = k \log R + c \quad \cdots\cdots\cdots\cdots\cdots\cdots\cdots\cdots\cdots\cdots\cdots\cdots\cdots \text{(4)}$$

つまり，人間の感覚量の感じ方は，刺激の強度 R の対数に比例するとしています．

フェヒナーは，ウェーバーの法則の式（1）をもとに，「心理的感覚量の変化分がウェーバー比に比例する」と仮定して式（5）をおき，式（4）の関係を導きました．

$$\Delta P = k \Delta R / R \quad \cdots\cdots\cdots\cdots\cdots\cdots\cdots\cdots\cdots\cdots\cdots\cdots \text{(5)}$$

なお，定数 k の値は，感覚の種類によっても，刺激の履歴によっても異なる値を持ちます．またウェーバー - フェヒナーの法則は，ある限られた刺激の強度の範囲のみで成立します．

2.2 特殊感覚

2.2.1 視覚

コンピュータから人間へ情報を伝える際，多くの情報量を受け取る感覚器の 1 つが視覚です．

人間の視覚は，2.1 節で述べた通り特殊な感覚器である眼球（図 2.5）を介して情報を取得しています．眼球は，角膜，前房，水晶体，網膜を通して周囲の外界の映像を結像し，視神経に伝達しています．

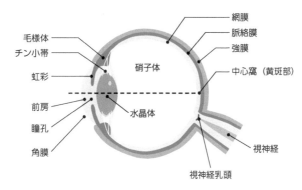

図 2.5　眼球の構造

2.2.1.1　視覚で与えられる情報

人間は，およそ 360 ないし 400nm から，760 ないし 830nm の波長の電磁波（可視光線）を知覚することができます．

HCI では可視光線の範囲を利用して，人間に提示したい情報は可視光線にし，人間に提示しなくて良い，コンピュータ同士のコミュニケーションは不可視光線にするインタフェースもあります．たとえば，テレビのリモコンは，可視光線と不可視光線を利用したインタフェースです．電源がついているかどうかを人に知らせる場合は，可視光線の赤か緑の LED を使います．一方，

テレビとリモコン同士のコミュニケーションは人に伝える必要がないので，赤外線 LED（IR LED）を使っています．

　テレビに限らず，多くの機器のリモコンで赤外線が使われています．リモコンの送信部をスマートフォンのカメラで映しながらリモコンのボタンを押すと，スマートフォンのディスプレイ上で送信部が光って見えます（図 2.6）．スマートフォンのカメラでは赤外線をとらえるためです[1]．

図 2.6　リモコンの赤外線

2.2.1.2　奥行き情報や 3 次元情報

　人間は，2 つの眼球を持っています．この 2 つの眼球でとらえる奥行き情報や 3 次元情報についても学んでいきましょう．

● 運動視差

　運動視差とは，「観察者の視点が移動すること」もしくは「観察対象が移動すること」によって生じる，方向性をもった速度差です．ここでは前者について説明します．移動している，あるいは頭部を動かしている観察者（人間）が，ある対象を注視しているとき，遠くにある対象は観察者と同じ方向に移動しているように見えます．逆に，近くにある対象は，観察者とは逆方向に動いているように見えます（図 2.7）．

※1　機種によっては光って見えない場合があります．フロントカメラのほうが見えやすいようです．

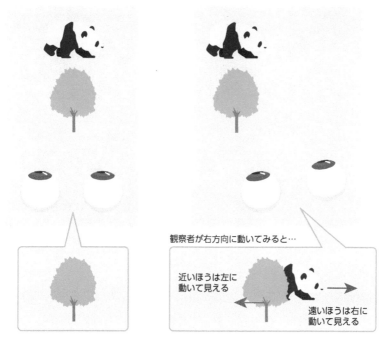

図 2.7　運動視差
（観察者の視点が移動することによって生じる，方向性をもった速度差）

● <ruby>輻輳<rt>ふくそう</rt></ruby>

　両目で対象物を注視することを**輻輳**といい，そのときに左右の目と対象物とがなす角度を輻輳角とよびます．両眼と対象物が近い場合は，この輻輳角は大きくなります．両眼と対象物が遠い場合は，この輻輳角は小さくなります．つまり，より目で見える対象物は近くにあるもの，と知覚されます（図2.8）．

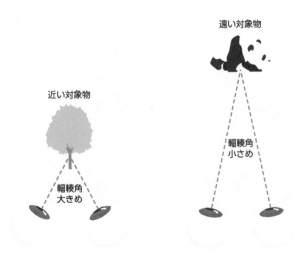

図 2.8　輻輳

●両眼視差

　人間の左右の眼球の間には，ある一定の距離（両眼間距離）があります．そのため，1 つの対象物を見た場合でも，右目の網膜にうつる像と，左目の網膜にうつる像は少しずれています．このずれを，**両眼視差**といいます（**図2.9**）．両眼視差によって，人間は対象物の奥行きや立体を知覚しています．

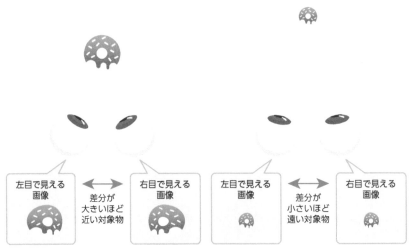

図 2.9　両眼視差

Let's think 2.2

単眼ディスプレイと両眼ディスプレイでは提示する情報に違いがあります。どのような違いがあるでしょうか？ 調査し，説明してみましょう。

2.2.2 聴覚

100 年以上前から，ラジオや電話などの機械に音声情報を入出力して，聴覚に情報を与え続けています。ここでは，聴覚のしくみと，聴覚に与えられる情報について学びましょう。

人間の聴覚も視覚と同様に，耳（**図 2.10**）という特殊な感覚器を介して情報を取得しています。空気の振動である音は鼓膜を振動させ，鼓膜の振動は耳小骨と前庭窓を振動させます。前庭窓の振動は蝸牛の中のリンパ液を振動させ，その中の有毛細胞が動くことによって，聴神経を介して音の情報が脳に伝達されます。

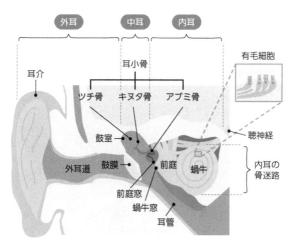

図 2.10 耳の構造

2.2.2.1　聴覚で与えられる情報

　人間は，20Hz ～ 20kHz の空気の振動を音として読み取ります．この周波数帯を**可聴域**とよびます．人間は，空気の振動から音の大きさ，音の高さ（音程），音色，リズム，音の方向などの情報を読み取ります．また，水中の振動も音として読み取ることができます．

● 音の大きさ

　音の大きさは，音の強さ（振幅に対応）と周波数に依存して，人が感じる心理的な尺度です．計測器がとらえる音の大きさは音の強さと同等ですが，人が感じる音の大きさは，同じ音の強さでも，周波数によって異なります．こうした特徴をグラフに示したものが，等ラウドネス曲線です．**図 2.11** に示すように，等ラウドネス曲線は，周波数を変化させながら，同じ大きさに聞こえる音圧レベル（音の強さに対応する単位）を線で結んだグラフになっています．1987 年に，ISO 226 として等ラウドネス曲線の国際規格が公開され，2003 年に改正されました．

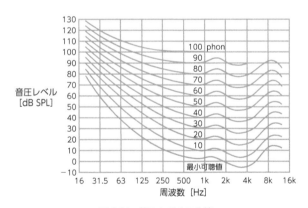

図 2.11　等ラウドネス曲線

● 音の高さ（音程）

　音の高さは，可聴域の振動の波の数，つまり周波数に対応した心理的な尺度です．

● 音色

音色は，空気の振動の波形，音の大きさ，音の高さや音の重なりなどの要素から，人が感じる心理的な尺度です．

● 音の方向，距離と聴空間

人は，左右の耳それぞれで受け取る音の大きさや高さなどの違いから音の方向や距離を認知します（音源定位）．認知した音の方向や距離から推定される空間情報のことを聴空間といいます．

この聴空間の認知の特性を活かして，複数のスピーカを設置して聴空間の錯覚を起こさせる映画館の音響システムや，複数チャンネルのスピーカを使った音響インタフェース（5.1ch スピーカ，**図 2.12**）も一般的になりつつあります．

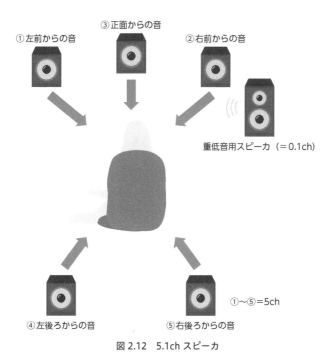

図 2.12　5.1ch スピーカ

2.2.2.2　骨伝導

　生体内部の音を，骨と内耳を通じて伝達することを骨伝導といい，骨伝導で聴神経に伝わる音を骨伝導音といいます（**図 2.13**）．なお，通常の鼓膜を振動させて伝わる音は気導音といいます．

　骨伝導を使って，耳周囲の骨に近い部位に振動子※2を接触させて音を伝達する，骨伝導イヤホンや骨伝導電話が開発されました．これらは聴覚障がいを持つ方々に音を伝える装置として利用されるだけでなく，周囲の気導音を聞きながら音楽などを楽しみたいときや，耳に装置を長時間つけたくないとき（スポーツやテレワーク時）に利用されています．

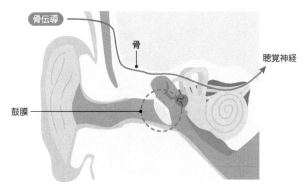

図 2.13　骨伝導

※2　ブルブルと振動する素子 (p.46) のことです．時計，スピーカ，震えを伝える携帯電話のバイブレーション機能などで使われている振動子が有名です．

Column カクテルパーティ効果

　カクテルパーティ効果（現象）とは，カクテルパーティのような大勢の人が雑談している中でも，特定の会話を自然と聞き取ることができる現象です．1953年に心理学者のチェリー（Cherry, E.C.）によって提唱されました．

　人は，知覚した音から音の方向や距離を推測し（音源定位），さらに音の高さや音色の違いを判別して，特定の音声だけを抽出する処理をしていると考えられています．

Let's think 2.3

　コンピュータでカクテルパーティ効果のような情報処理を行うときには，どのようなハードウェアとソフトウェア構成が必要でしょうか？　その構成を考案してみましょう．

ヒント）指向性マイク，聴空間認識

2.2.3　味覚

　人間の味覚は，特殊な感覚器である舌（図 2.14）と，その周辺の表面上にある味蕾を介して，飲食物の味を伝達しています．味蕾の中には大量の味覚の受容体が内在しています．これまでの研究で，甘味，うま味，苦味，酸味と塩味はそれぞれ別々の味覚の受容体で反応することがわかっています．それぞれの味覚の受容体から味覚神経（舌咽神経・顔面神経）を通じて味の情報が電気信号で脳に伝達されます．

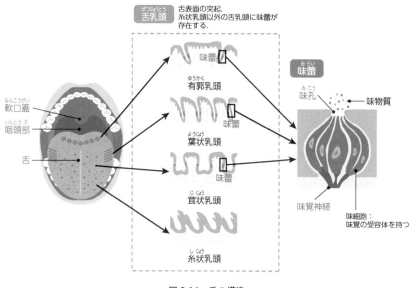

図 2.14　舌の構造

2.2.3.1　味覚で与えられる情報

　味覚，つまり味蕾で得られる情報は，現在解明されている限りでは，甘味，うま味，苦味，酸味と塩味の 5 種類です．しかし，後に説明する固有感覚と触覚と味覚の組み合わせにより，辛さも伝達されていることがわかっています．ミネラル系の味，脂肪味やデンプン味の受容器についても研究が進められています．

　なお，味覚に香り（嗅覚情報）や見た目（視覚情報）が加わって，元の味覚とは違うものとして知覚されるものは風味といいます．

2.2.4 嗅覚

　人間の嗅覚は，鼻という特殊な感覚器を使って匂いの情報を得ています．匂い物質は，鼻腔の上部にある嗅上皮という粘膜に接着すると，ボーマン腺からの分泌液によって溶かされます．溶かされた匂い物質は，嗅上皮にある嗅小毛（嗅繊毛，嗅毛）という線毛から嗅細胞に伝達され，電気信号に変換されます．その電気信号が嗅神経と嗅球をつたって，脳に匂いの情報を伝達しています（図2.15）．

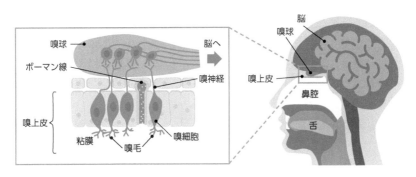

図 2.15　匂いを感じるしくみ

2.2.4.1　嗅覚で与えられる情報

　人間は，約400種類の嗅覚受容体によって匂いを感じています．嗅小毛の中には，嗅覚受容体とよばれる，匂い物質の分子を認識するセンサの役割を果たす部位があります．さまざまな匂いを嗅ぎ分ける能力は，その生物が持っている嗅覚受容体の種類と数によって決まります．たとえば，イヌの嗅覚受容体は約800種類で，鼻の長いアフリカゾウの嗅覚受容体は約2000種類あるといわれています．

2.2.4.2　嗅覚疲労

　人間には嗅覚疲労という機能が備わっています．嗅覚疲労とは，ある匂いを嗅ぎ続けると，その匂いを感じられなくなってしまうことです．たとえば，体臭が発生しても，体臭を発生させている本人は，体臭に対して感覚が疲労する（慣れてしまう）ことによって，約2分で自身の体臭を認識できなくなります．

Let's think 2.4

　味覚において, 甘味, 酸味, 塩味, 苦味, うま味の 5 つが基本味といわれていますが, 他にはどのような味があるでしょうか?　また, 嗅覚にはどのような種類があるでしょうか?　調査し, 説明してみましょう.

2.2.5　平衡覚

　平衡覚（前庭感覚）とは, 体の傾きや動きの感覚です.

　耳にある特殊な感覚器である前庭器官と半規管の情報から得られる自身の体の直線運動や回転を知覚します. さらに, 平衡覚に関連して, 空間識という感覚認識があります. 空間識とは, 平衡覚, 体性感覚, 視覚などから得られる複合的な平衡に関する知覚と連動することで得られる, 体の傾きや動きの認識です.

2.3 体性感覚

2.3.1 表層感覚

　表層感覚（皮膚感覚）とは，皮膚表面や粘膜表面に近い箇所の受容器（**図2.16**）で感じられる触覚，温冷覚，痛覚や圧覚などの感覚です．これらの感覚の他に，振動覚は，表層感覚と固有感覚の両方で定義される場合があります．

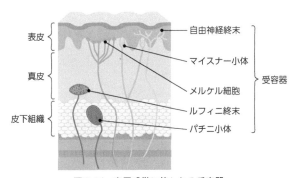

図 2.16　表層感覚に使われる受容器

2.3.1.1　表層感覚で与えられる情報

　表層感覚では，下記のような情報が与えられます．

- ツルツルザラザラなどテクスチャを感じる触覚
- 冷たい暖かいなどの温冷覚
- 指圧されたり押されたりしたときの圧力を感じる圧覚
- 摩擦によって震えを感じる振動覚
- 表層の異常に強い刺激によって感じる痛覚や痒覚（ようかく）

つまり，表層感覚では，皮膚表面に接触した物体からの作用に関する情報を得ています．

2.3.2　固有感覚

固有感覚（深部感覚）とは，関節，筋肉や腱に内在する受容器を経由して得られる位置覚と運動覚，重量覚，抵抗覚や深部痛覚などです．

これらの感覚の他にも，深部で感じられる圧覚，振動覚なども存在しますが，表層感覚との分類や，固有感覚の中のそれぞれの感覚の明確な分類については，国や研究分野によって異なります．

2.3.2.1　固有感覚で与えられる情報

固有感覚では，下記のような情報が与えられます．

- 手を握っている，腕を伸ばしているなどの体の部位の姿勢情報を感じる位置覚と運動覚（筋肉感覚）
- 持っている，あるいは背負っている物の重さを感じる重量覚
- 物体に人間が作用したときの反作用の力の大きさを感じる抵抗覚
- 筋肉痛，骨折の痛み，頭痛や，体の部位が切断されたときなどに感じる深部の異常に強い刺激による深部痛覚

つまり，固有感覚では，体の深部の筋肉や関節周辺などで感じる体の部位の挙動状態や，人間が能動的に物体に作用したときの，物体からの反作用の情報を得ています．

固有感覚は能動的な体験に必要な「人が物体に作用し，臨場感を得る感覚」といえます．リンゴを例に考えてみましょう（**図 2.17**）．「リンゴが落ちてきて手に乗った！」ときの感覚が重量覚，「リンゴに手指を伸ばしている」ときの感覚が位置覚，「手のひらの上にリンゴがあるので，指を握り込めない」ときの感覚が抵抗覚となります．

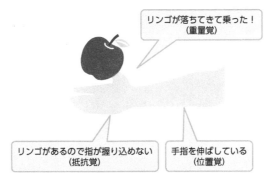

図 2.17　固有感覚の例

 Let's think 2.5

普段感じている重量覚を列挙し，説明してみましょう．

Column　　　　　　　　　　　力覚

　体性感覚の中にはないけれど，ニュースや論文で出てくる感覚，「力覚」とは何でしょうか？

　力覚は，基礎心理学や生理学の分野では定義されていません．力覚は工学分野で作られた単語の可能性があります．『実践マルチメディア[改訂新版]』(実践マルチメディア[改訂新版]編集委員会，2018)によると，力覚は，下記の通り定義されています．

工学の分野では，触覚は皮膚感覚のことを指し，力覚（force sense）はおもに深部感覚で感じる力の知覚のことを指す．

　この定義によると，力覚は，抵抗覚，重量覚や位置覚を示しているようです．

　力覚という単語が最も使われる場面は，ロボットに設置された「力覚センサ」に関してです．力覚センサとは，単軸あるいは複数軸方向の力の作用情報や，モーメント（回転）情報を計測するセンサです．ロボットの手足に設置し，ロボットがとらえている力の情報をコンピュータに入力します．このときロボットから入力された力の情報が，「力覚」と定義されたのかもしれません．

　力覚センサで計測した力覚データを人間に提示する際は，力覚ディスプレイを用いて抵抗覚，重量覚や位置覚を表現します．**図2.18**は，製品化された，力覚センサと力覚ディスプレイが内蔵された装置です．ロボットアームを介して，仮想物体にあたかも実際に触れているような感覚を体験できます．

図2.18　力覚センサと力覚ディスプレイが内蔵された装置「Touch」シリーズ
（写真提供：株式会社スリーディー・システムズ・ジャパン）

2.4 その他の感覚

今までに取り上げた感覚以外に，人間の体にはさまざまな感覚があります．ここでは，その中でも内臓感覚と時間感覚（時間知覚）について紹介します．

2.4.1 内臓感覚

2.4.1.1 臓器感覚

臓器感覚は，臓器に存在する受容器で受容される感覚で，空腹感，吐き気，胃もたれ，口渇感，尿意や便意などがあります．

臓器感覚は，臓器が刺激されるか臓器の状態が変化することで生じます．たとえば，刺激による感覚は，外部刺激により臓器が圧迫されるときに生じます．状態が変化したときの感覚は，臓器にシコリができて異物感を感じたり，消化器官内部に油分が多く胃のむかつきを感じたりするときに生じます．

2.4.1.2 内臓痛覚

内臓痛覚（臓器痛覚）は，臓器が傷つけられたり，炎症を起こしたりしたときに生じる感覚です．表層感覚の痛覚と違い，一部の限定的な傷つきや炎症では内臓痛覚が感じられることは少なく，臓器が広範囲に傷ついた場合や炎症を起こした場合に内臓痛覚が感じられます．

Let's think 2.6

ここ1カ月で感じた内臓感覚を列挙し，説明してみましょう．

2.4.2 時間感覚（時間知覚）

刺激を受けてからの時間の経過や刺激間の時間幅を知覚，あるいは判断したり理解したりすることを，時間感覚や時間知覚とよびます．この感覚については，各研究分野でさまざまな定義がなされています．

Let's think 2.7

　時間感覚がどのように変わるか検証してみましょう.

　スマートフォンやパソコンについているストップウォッチを起動して, 20 秒たった
と思ったら, ストップウォッチを止める実験を行いましょう. このとき, 頭の中で秒
数をカウントしないようにしてください. この実験を下記の 3 つの条件でランダムに
実施し, 表を埋めて, 時間感覚がどのように変わっているかを確認しましょう. 最後に,
考察を述べましょう.

条件① 体を動かさず, 部屋の隅を見つめた状態で 20 秒
条件② 足踏みをしながら, 部屋の隅を見つめた状態で 20 秒
条件③ 昨日食べた食事メニューを話しながら, 部屋の隅を見つめた状態で 20 秒

	条件①	条件②	条件③
例	20.71	14.91	25.10
1 回目			
2 回目			
3 回目			
平均			
標準偏差			

2.5 マルチモーダルとクロスモーダル

複数の感覚刺激やそれによって発生する錯覚，マルチモーダルとクロスモーダルについても学んでいきましょう．

2.5.1　マルチモーダル

マルチモーダル（マルチモーダル知覚）とは，複数の感覚刺激を同時に知覚することをいいます．また，複数の感覚刺激を人工的に与えるシステムのことをマルチモーダルインタフェースといいます．たとえば，テレビ，映画，VR や 4DX 映画もマルチモーダルインタフェースにあたります（図 2.19）．

人間同士が日常生活の中で行うコミュニケーションでは，複数の感覚刺激を同時に知覚しあっています．マルチモーダルインタフェースは，それを導入することで，人とコンピュータとのインタラクションを，人と人とのインタラクションに近づけることを目指しています．

図 2.19　マルチモーダルインタフェース

2.5.2　クロスモーダル

クロスモーダル（クロスモーダル知覚，クロスモダリティ効果）とは，複数の感覚刺激が与えられることによって，感覚がお互い影響しあって，「実際には刺激していない感覚が刺激された」もしくは「刺激された感覚に別の刺激が与えられた」と錯覚してしまう知覚（現象）です．

身近なクロスモーダル現象として，「かき氷のシロップ」が挙げられます（図

2.20)．かき氷のシロップには，イチゴ，メロン，レモン，ブルーハワイなどさまざまな味がありますが，味付けはほぼ同一です．しかし，香りや色が異なることで，消費者はそれぞれ異なる味だと錯覚してしまっています．つまり，味覚に，嗅覚刺激と視覚刺激を加えることで，種類が違う別の味覚刺激が与えられたと錯覚してしまっているのです．

図 2.20　クロスモーダル

 Let's think 2.8

　身近なクロスモーダルやマルチモーダルの例を挙げ，その感覚刺激や錯覚について説明してみましょう．

第 **3** 章

HCI の情報入出力

本章では，人間とコンピュータが情報を入出力するためのインタフェースおよび，インタフェースを構成する素子である，センサとアクチュエータについて説明します．

HCI では，人間にとってより自然で快適な情報入出力を目指しています．

キーワード

- ☐ インプット
- ☐ アウトプット
- ☐ CUI
- ☐ GUI
- ☐ センサ
- ☐ アクチュエータ
- ☐ ポインティングデバイス
- ☐ マウス
- ☐ ディスプレイ
- ☐ タッチパネル

3.1　インプットとアウトプット

3.1.1　インプットとアウトプットの概要

　HCI では，人間とコンピュータが情報を入出力するための手法やデバイス（インタフェース）が多数提案されてきました．情報入出力は，大きく**インプット**（コンピュータへの入力）と**アウトプット**（コンピュータからの出力）に分けられます（**図 3.1**）．

図 3.1　インプットとアウトプット

　インプットとは，人間からコンピュータへの情報入力を指します．たとえば，キーボードによる文字入力，マウスやタッチペンによる 2 次元座標入力があります．

　アウトプットとは，パソコンから人間へ何らかのデータや命令などの情報を送信することを指します．スピーカによる音声情報の出力，ディスプレイによる文字や図の情報出力が挙げられます．

　インプットとアウトプットの一方，もしくはインプットとアウトプットの両方とも，ヒューマンインタフェースあるいはユーザインタフェースとよび，HCI の研究や開発の成果です．

　現在のインプットとアウトプットは，身体動作，聴覚や視覚の情報入出力がメインとなっています．身体動作の情報は，キーボード，マウスやタッチパネル，聴覚情報はマイクとスピーカ，視覚情報はカメラとディスプレイを用いて，コンピュータに入出力されています（図 3.2）.

図 3.2　情報を入出力する方法

3.1.2　HCI の情報入出力で目指すところ

　人間とコンピュータ間だと，どうしてもテキストでやり取りすることが多くなります．一方で人間同士の場合，会話やメールのやり取り以外でも，たとえば着ている服によってコミュニケーション，つまり周囲に情報を発信し続けています．服装の表現は潜在的なインタラクションとなり得ます．喪服を着ていると喪中であることがわかりますし，袴を着て筒を持っていれば卒業式の日ということがわかります．しかしながら，着ている服をはじめとする生活様式の情報は，コンピュータへ入出力されていません．

　人間の生活様式や自然な動作，つまり人間の普段の生活の動作をもとに，適切な情報を入出力できるようにすることが，インタフェースとして理想的です．さらには，人間が訓練を行うことでコンピュータへ情報の入出力の精度を高める方向性も提唱されています．

　身体動作，聴覚や視覚の情報入出力についても，人間とコンピュータ間でも，人間同士のようにコミュニケーションしあうインタフェースが普及しつつあります．スマートスピーカや受付ロボットが，その良い例です．

Let's think 3.1

　身の回りの家電を 1 つ挙げ，そのインプットしている情報とアウトプットしている情報を挙げてみましょう．

例）
《身の回りの家電》エアコン
《インプットしている情報》電源オンオフ，温度
《アウトプットしている情報》温風／冷風，暖かい／冷たい

Column ヴァーバルコミュニケーションとノンヴァーバルコミュニケーション

言語情報によるコミュニケーションをヴァーバルコミュニケーション（verbal communication）といい，言語以外によるコミュニケーションをノンヴァーバルコミュニケーション（non-verbal communication，非言語情報コミュニケーション）といいます．非言語情報には聴覚情報（声のトーンや口調）や視覚情報（ボディランゲージや見た目）が含まれます．

アメリカの心理学者メラビアン（Mehrabian, A.）は，1960年代に行った実験から，次のように導いています．「好意や反感などの感情を伝えるコミュニケーション」という特定の状況下において，言語情報（メッセージの内容）と聴覚情報と視覚情報が矛盾した場合，相手が重視するのは，言語情報が7%，聴覚情報が38%，視覚情報が55%，というものです（**図3.3**）．これはメラビアンの法則ともよばれます．

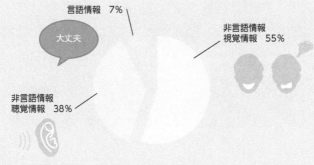

言語情報 7%

大丈夫

非言語情報
視覚情報 55%

非言語情報
聴覚情報 38%

図3.3 メラビアンの法則

たとえば，怒った表情で「大丈夫」と言われるのと，ニコニコされながら「大丈夫」と言われるのでは，ずいぶん違った意味になってきます．怒った表情での「大丈夫」は，「結構です！」という意味合いを含んでいたり，ニコニコした表情での「大丈夫」は，「ありがとう」という意味を含んでいたりするかもしれません．

人間とコンピュータで相互作用するHCIでは，言語情報だけでなく，人間同士のコミュニケーションのようにノンヴァーバルコミュニケーションでやり取りされる情報をいかに伝達するか，も大きな課題となっています．

3.2　CUI と GUI による情報を入出力する手法

　コンピュータへ文字や位置情報を入出力するインタフェースとして代表的な **CUI**（character user interface）と **GUI**（graphical user interface）について学んでいきましょう．

　CUI と GUI は，操作方法は異なりますが，基本的には同じ内容の作業ができます．CUI のディスプレイ画面（図 3.4）と GUI のディスプレイ画面（図3.5）は，見た目は大きく異なりますが，同じ情報（ファイル構造）を示しています．

図 3.4　CUI のディスプレイ画面

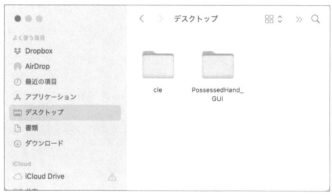

図 3.5　GUI のディスプレイ画面

3.2.1 CUI

CUI, 別名 CLI (command line interface) とは, 主にキーボードによる文字入力と, コンピュータ画面（ディスプレイ）での文字出力によって, 情報入出力するユーザインタフェースです. 文字による情報入出力のため, キーボードのみで操作を手早く実行できるという利点があります. 一方で, 人間から入出力できる情報量が少なくなる, コマンドを覚える必要がある, という欠点もあります.

3.2.2 GUI

GUI は, 現在一般的に使われている, マウスのポインタやタッチパネルによる 2 次元ポインティングで情報入力し, コンピュータ画面（ディスプレイ）で文字と図の情報を出力するユーザインタフェースです.

文字に加えて, 図の情報である WIMP (windows, icons, menus, pointer) とよばれる 4 つの要素を視覚的に表示します. GUI でのファイルを選択したり, 絵を描いたりするためのポインティング手法は, エンゲルバートによって発明されました. GUI は, CUI に比べて人が視覚的に理解しやすいという利点があります.

Let's think 3.2

CUI と GUI で「ファイルを削除する手順」を確認し, 説明してみましょう.

ヒント) ファイルを移動する手順
《CUI (UNIX) の場合》コマンド入力画面で "mv ファイル名 移動先" と入力し, エンターキーを押す.
《GUI (MacOS, Windows) の場合》ポインタで移動したいファイルを選択し, 移動先にドラッグアンドドロップする.

3.3 インプットインタフェースと アウトプットインタフェース

3.3.1 情報を入出力する素子：センサとアクチュエータ

　コンピュータとユーザや実世界を接続するユーザインタフェース，つまり入出力インタフェースによって，情報の入出力の手法も大きく変わってきます．ディスプレイとキーボードでは CUI，ディスプレイとマウスやタッチパネルでは GUI を使っています．

　情報入出力のためのインタフェースについて知るためには，処理する情報だけでなく，**センサ**と**アクチュエータ**についても注目しましょう．入出力のためのデバイスは，センサとアクチュエータという素子で構成されています．

　センサ（sensor）とは，実世界の情報（機械的・電磁気的・熱的・音響的・化学的性質あるいはそれらで示される空間情報・時間情報）を読み取る素子のことをいいます．またアクチュエータ（actuator）とは，入力されたエネルギーを物理量（力，光，音など）に変換する素子のことをいいます．

　ここで素子とは，任意の機能を持った物体のことをいいます．たとえばコイルは磁場受発信の機能を持った素子，鏡は反射の機能を持った素子です．素子の中でも，量産化のため変質や変形を避けるために梱包装置で保護されたものを，部品といいます．センサやアクチュエータは素子ですが，量産化される時点でほとんどの場合は梱包装置で保護されているので，部品ともいえます．

　インプット（情報入力）のためには主にセンサが使用され，アウトプット（情報出力）のためには主にアクチュエータが使用されています．センサとアクチュエータで入出力される情報は，マイコン内部で処理され，コンピュータに送受信されます（**図 3.6**）．マイコンとは，マイクロコンピュータ（microcomputer）の略で，電気的信号を制御する小型の半導体チップです．マイコンは，センサで得られた情報をコンピュータが受け取りやすい情報に変換しています．また，マイコンは，コンピュータから送られてきた情報を，適切な電気信号としてアクチュエータに伝達しています．

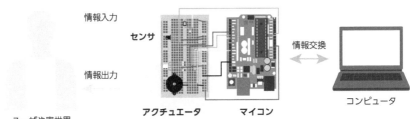

図3.6 センサとアクチュエータ

　情報入出力のインタフェースは,「インプットインタフェース」「アウトプットインタフェース」「インプットとアウトプットが一緒になったインタフェース」に分けられます.

　この3つのインタフェースについて,1つずつ学んでいきましょう.

 Let's think 3.3

　実際に使っている家電を1つ挙げ,そのインプットインタフェース(センサ)とアウトプットインタフェース(アクチュエータ)を挙げてみましょう.

例)
《家電》エアコン
《インプットインタフェース》リモコンのスイッチセンサ
《アウトプットインタフェース》送風ファンや冷却フィン

3.3.2 インプットインタフェース

　インプットインタフェースとは,人間からコンピュータへ何らかのデータや命令などの情報を送信するためのインタフェースです(**図3.7**).

| キーボード | ペンタブレット | カメラ | マイク |

図 3.7　インプットインタフェース

3.3.2.1　キーボード

　キーボードは，文字入力のインプットインタフェースとして最も有名なデバイスです．現在一般的に使われているキーボードには，文字が刻印されたボタン式のスイッチ（センサ）が 100 個程度あり，各キーを押して文字を入力します．

3.3.2.2　ポインティングデバイス

　広く普及しているインプットインタフェースの他の例として，**マウス**や**ペンタブレット**などのポインティングデバイスが挙げられます．ポインティングデバイスとは，2 次元的な位置情報を入力できるインタフェースで，画面上に表示されたメニューやボタンを指示するために使われます．

　マウスは，ユーザの手がどの 2 次元座標を示している（ポインティングしている）のかの情報を，コンピュータに入力します．ボール式マウスでは，センサがボールの 2 軸方向の回転数を計測し，マイコンでユーザの手の動きを算出しています（**図 3.8**A）．光学式マウスでは，マウスが置かれている場所に光を照射し，光が照射された場所をセンサが高速で撮影しています．画像の時系列[※1]的な変化によりマイコンでユーザの手の動きを算出しています（**図 3.8**B）．

※ 1　ある現象の時間的な変化を，連続的に観測して得られた値の系列のこと．

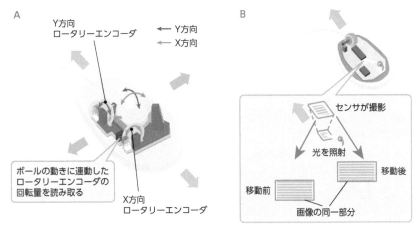

図 3.8 ボール式マウス（A）と光学式マウス（B）
（NEC LAVIE 公式サイトより許可を得て転載）

　ペンタブレットは，静電容量，圧力や磁気センサなどのさまざまなセンサを用いて，ユーザが把持しているペンの2次元座標や，筆圧，ペンの傾き，場合によっては3次元座標をコンピュータに入力します．

3.3.2.3　映像情報を入力するデバイス（インタフェース）

　映像情報を入力するデバイス（インタフェース）として，**スキャナー**や**カメラ**が挙げられます．スキャナーは，1次元に配置された複数のイメージセンサを動作させて，2次元の図の情報を読み取り，コンピュータに入力します．カメラは，レンズを通して2次元に配置された複数のイメージセンサが，外部の光情報をとらえ，2次元の図，風景や映像情報をコンピュータに入力します．

3.3.2.4　音声情報を入力するデバイス（インタフェース）

　音声情報を入力するデバイス（インタフェース）として，**マイク**があります．マイクはダイナミック型，コンデンサ型やリボン型などさまざまな方法で，空気の振動を機械的あるいは磁気的信号に変換し，さらにそれを電気信号に変換し，コンピュータに入力します．マイクの型とその特性は多岐にわたるため，本書では紹介しきれませんが，興味がある方は，ぜひ専門書を読み解いてください．

Let's think 3.4

Let's think 3.3で挙げた家電のセンサは，どんな情報をインプットしていますか？その家電の情報をネットで検索し，詳細に説明してみましょう．

例）エアコンのリモコンは，下記の情報をインプットしている．
電源のオンオフ，希望する温度情報，希望する運転種類，風量，ファンの方向，タイマー設定，リセット

3.3.3　アウトプットインタフェース

アウトプットインタフェースとは，コンピュータから人間へ何らかのデータや命令などの情報を送信するインタフェースです（図3.9）．

スピーカ　　　　　　平面ディスプレイ　　　ヘッドマウントディスプレイ

図3.9　アウトプットインタフェース

最も普及しているアウトプットインタフェースとして，**スピーカ**と**平面ディスプレイ**が挙げられます．まずはこの2つのインタフェースについて学んでいきましょう．

3.3.3.1　スピーカ

スピーカは，音のアウトプットインタフェースです．ほとんどのスピーカは，永久磁石と電磁石[※2]の組み合わせで構成されています．電磁力により電気信号を物理的振動に変換し，空気の振動（音）を生み出します．

[※2]　永久磁石とは自らが磁力を持ち，半永久的に磁力を発生させ続ける磁石のことです．電磁石とは電流を流すことで磁力を持つ磁石のことです．

3.3.3.2　平面ディスプレイ

　平面ディスプレイは，図や映像などの視覚情報のアウトプットインタフェースです．ディスプレイは，1960 年代の CUI が主流だった時代から，人間の視覚への情報出力装置として欠かすことができないものになっています．以前はブラウン管を使用した CRT（cathode ray tube）ディスプレイが主に使われていましたが，1990 年代から液晶ディスプレイ（LCD: liquid crystal display）が普及し始め，2010 年代には有機 EL（OEL: organic electro-luminescence）ディスプレイが普及し始めました．

　CRT ディスプレイは，赤，緑，青（RGB）の蛍光体に電子を当てて発光させて映像を表示しています（**図 3.10**A）．

　液晶ディスプレイは，光源により発せられた光を部分的に遮ったり，RGB のカラーフィルタに透過させたりして映像を表示しています（**図 3.10**B）．

　有機 EL ディスプレイは，RGB の自己発光する有機 EL 素子によって映像を表示しています（**図 3.10**C）．

A　CRTディスプレイ

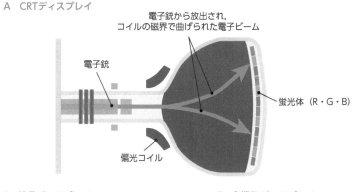

B　液晶ディスプレイ　　　　　C　有機ELディスプレイ

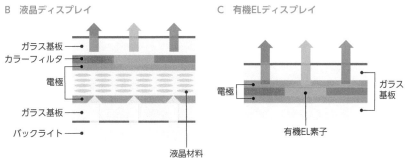

図 3.10　ディスプレイの構造

3.3.3.3　ヘッドマウントディスプレイ

　視覚へのアウトプットインタフェースとして，近年では平面ディスプレイ
の他に，ヘッドマウントディスプレイ（HMD: head-mounted display）が
普及してきました．これは，頭にかぶるタイプのディスプレイで，映像が自
然に見えるように，頭の動作に連動して映像も変化させます．また，ほとん
どのHMDでは左右の目に別々の映像を出しています．これによって，2.2.1.2
で説明した運動視差や両眼視差を発生させ，立体感のある映像をユーザに提
示しています．HMD は，古くはサザランドが 1968 年に開発した "Sword
of Damocles"（**図 3.11**）が最初といわれています．HMD は，VR（p.150）
で使われるようになってきており，次世代のインタフェースとして注目を集
めています．

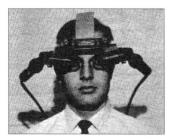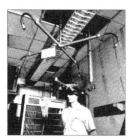

図 3.11　Sword of Damocles
（Sutherland, I.E, 1968, Figure2 および Figure3 を許可を得て転載）

Let's think 3.5

　Let's think 3.3 で挙げた家電のセンサは，どんな情報をアウトプットしています
か？　その家電の情報をネットで検索し，詳細に説明してみましょう．

例）エアコンのリモコンは，下記の情報をアウトプットしている．
電源のオンオフ，冷却ファンの動作強度，送風ファンの動作強度と送風方向選択，
タイマーによる電源オンオフ

3.3.4 インプットとアウトプットが一緒になった インタフェース

図 3.12　タッチパネル

　インプットとアウトプットが一緒になったインタフェースとは，人間から
コンピュータへ何らかのデータや命令などの情報を送信する機能と，コン
ピュータから人間へ何らかのデータや命令などの情報を送信する機能が，同
一の装置内に内在するインタフェースです．

　インプットとアウトプットが一緒になったインタフェースの代表例とし
て，タッチパネル（**図 3.12**）が挙げられます．タッチパネルは，ペンや指の
2 次元座標入力（ポインティング）と，平面ディスプレイによる映像出力を
一体化したインタフェースです．人間から情報入力を受けながら，人間の視
覚へ情報出力を行うことができます．

　アウトプットの図や映像の提示場所と，インプットの 2 次元座標のポイン
ティングの場所が同一になるため，人間にとってより自然なインタラクショ
ンができるようになりました．たとえば，電子書籍で読書しながらページを
めくるといった利用シーンは，タッチパネルで初めてできるようになったこ
との 1 つです．まるで本物の本のように自然にページめくりをすることがで
きるのは，タッチパネルがユーザの指の位置を検出しながら，同時に書籍を
めくる描画を映像出力することができるからです．ユーザにあたかも本物の
本とインタラクションをしているような感覚を与えます．

　このように，インプットとアウトプットが一緒になると，実世界に近いイ
ンタラクションを提示することができます．自然なインタラクションで誰で
も利用しやすいタッチパネルは，スマートフォンやタブレット端末で広く普

及しています.

Let's think 3.6

　インプットとアウトプットが一緒になったインタフェースの代表例であるタッチパネルには, シングルタッチとマルチタッチがあります.　両者の特徴と利点・欠点を分析し, 説明してみましょう.

第 4 章

これからのインタフェース

第3章で説明したように，これまでのインタフェースにおける入出力は，文字情報や視聴覚情報が中心でした．現在は，見えない，聞こえない情報の入出力が HCI の大きなテーマの1つとなっています．本章では，見えない，聞こえない情報の入出力を踏まえながら，近年製品化されたインタフェース，また研究が進められているインタフェースを紹介します．新しいインタフェース開発においては，人間や社会への影響に配慮し進めましょう．

キーワード

☐ 音声入出力
☐ 生体情報
☐ 非言語情報

4.1　毎年新しく製品化されるインタフェース

　前節の既存のインタフェースの他に，新しいインタフェースが続々と発表されています．その中でも，世の中に広く普及し始めているインタフェースを本節で紹介します．

4.1.1　音声による文章作成，意味理解，個人情報の入力と合成音声出力

　電話ですでに一般的であった**音声入出力**でしたが，マイクで音声を拾ってリアルタイムで文章化することは 1990 年代になるまでは一般的ではありませんでした．しかし，音声情報データベースの充実，音声認識，自然言語処理[※1]，機械学習や深層学習の研究開発が進み，2010 年代にはスマートフォンでも音声入力のリアルタイムでの文章読み取りが一般的となりました．2011 年には，音声入力による文章作成や会話によるアシスタントの機能を持つ Siri が iOS 5 に搭載され，音声による文章とその意味理解が一気に普及しました．さらには，2020 年代には音声で個人認証する技術開発も普及するといわれています．

　音声による文章入力とその意味理解が進み，同時に人間の発話に近い合成音声出力が一般的になるにつれ，2014 年以降には，音声でのコンピュータへの指示出しや，対話による情報入出力がメインとなるインタフェースであるスマートスピーカが一気に普及し始めています．

4.1.2　生体情報の入力

　2000 年代から，ユーザの動きの情報を取得する小型の加速度センサ[※2]，ジャイロセンサ[※3]や，位置情報を取得する GPS 等が，携帯電話に標準で実

※ 1　人間の言語である自然言語をコンピュータで処理し，文の構成や意味などの情報に変換する一連の言語処理技術のこと．
※ 2　物体の加速度（速度の変化率）を測定するセンサ
※ 3　物体の姿勢を測定するセンサ

装されるようになりました．これらのセンサは，ユーザの動きや位置情報から道案内をするアプリケーションに利用されるだけでなく，ユーザの運動量を推定するヘルスケアアプリへ利用されるようになりました．

　ヘルスケアアプリが一般的になるにつれ，スマートフォンそして関連のウェアラブルデバイスには，心拍数や血糖値を入力するインタフェースが付属するようになりました．

Let's think 4.1

　ここ 2 年以内に発売された身の回りのデバイスで，新しいインタフェースを見つけ，そのインタフェースが取り扱っている情報について議論し，まとめてみましょう．

4.2 これからのインプットインタフェース

　本節と次節ではそれぞれ，まだ一般には普及していないけれど研究発表されていたり，研究開発が望まれていたりするインプットインタフェースとアウトプットインタフェースについて紹介します．

　インタフェースは言語情報に加えて，非言語情報のうち人間の感覚情報を共有することによって人間とコンピュータ間の情報量を増やしてきました．現在までに，非言語情報のうちの視覚情報（見る）についてはカメラ／ディスプレイ，聴覚情報（聞く）についてはマイク／スピーカの発達により，人間間のコミュニケーション量を超えて人間とコンピュータが相互に情報交換できることになりました．

　しかしながら，視覚と聴覚以外の感覚の情報（見えない，聞こえない情報）については，まだ多くが研究の最中です．見えない，聞こえない情報の例としては，第 2 章で学んだ表層感覚，固有感覚や内臓感覚などがあります．さらには，心の状態も見えない，聞こえない情報にあたります．「このような情報をいかにコンピュータに入力していくか」という点を踏まえ，これから紹介するインタフェースについて考えてみましょう．

4.2.1 痛み定量化装置：痛みの知覚情報のインプットインタフェース

　痛みは見えない，聞こえない情報の 1 つです．痛みの大きさは極めて主観的な感覚量で，同じ病気や怪我であっても，個人によって異なります．今まで，痛みの大きさはビジュアルアナログスケール（VAS，**図 4.1**，p.122）やフェイススケール（**図 4.2**）などの尺度で推定されるしかなく，他人に正確に伝えることは非常に困難でした．

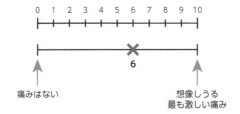

図 4.1　ビジュアルアナログスケールによる痛みの評価

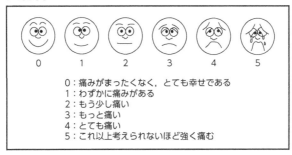

図 4.2　フェイススケールによる痛みの評価

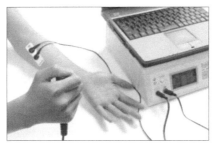

図 4.3　痛み定量化装置
（写真提供：株式会社オサチ）

　株式会社オサチ，杏林大学，信州大学，市立岡谷病院の研究開発グループは，痛みの大きさ情報を，個人差を除いてコンピュータにインプットするインタフェース（**図 4.3**）を開発しました．現在医療機器として医療現場で利用されています．

　このインタフェースでは，まず，ユーザが感じた「知覚しうる最も小さい

痛みの大きさ」と「知覚しうる最も小さい電気刺激の大きさ」を事前に計測します．次に，同様に「現在感じている痛みの大きさ」と「現在感じている痛みの大きさと同程度の電気刺激の大きさ」を同装置に入力します．そして，痛みと電気刺激の大きさの最小値の比率から，現在の痛みの大きさを定量化し，コンピュータに入力しています．

　たとえば，西宮さんと石田さんの2人がいたとして説明します．西宮さんは「知覚しうる最も小さい痛みの大きさ」と同等の「知覚しうる最も小さい電気刺激の大きさ」は5V, 10mA のパルス波[4]でした．西宮さんは現在，10V, 10mA のパルス波の電気刺激と同じ大きさの痛みを虫歯によって感じています．一方で，石田さんは，「知覚しうる最も小さい痛みの大きさ」と同等の「知覚しうる最も小さい電気刺激の大きさ」は，10V, 10mA でした．そして，石田さんも現在，10V, 10mA の電気刺激と同じ大きさの痛みを虫歯によって感じています．このとき，石田さんに比べて西宮さんは2倍の痛みを感じているとコンピュータに入力されます（図4.4）．

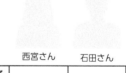

	西宮さん	石田さん
①「知覚しうる最も小さい痛みの大きさ」と同等の「知覚しうる最も小さい電気刺激の大きさ」	5V	10V
② 現在感じている痛みと同じ大きさの電気刺激	10V	10V
②÷①	2	1

図 4.4　痛みの定量化の例
（電流は 10mA で固定のパルス波）

　個人によって異なる痛みを定量的にコンピュータに入力することによって，医者や看護師など医療従事者が患者に対して適切な痛み緩和ケアを選択することができます．

※4　短時間の間に変化する波形

4.2.2 PondusHand：力の入れ具合（重量覚や抵抗覚の大きさ知覚）のインプットインタフェース

本書の筆者らは，前腕周囲の筋肉の膨らみ（筋変位）を計測する複数の筋変位センサを用いて，手の力の入れ具合を推定するインプットインタフェース「PondusHand」(**図4.5**)を提案しています．事前に，計測された筋変位と，機械的に計測された指先の力や握るときの力の大きさを機械学習に入力します．その機械学習を用いて，筋変位を計測することで指先や握る力の大きさを推定し，力の入れ具合をコンピュータにインプットします．今まで触れてみないとわからなかった，他人の指圧時の力の大きさや，他人の握手の強さ，陶芸の粘土捏ねやスポーツ時の力の入れ具合などを，コンピュータ越しや遠隔地でも知ることができるようになるインタフェースです．

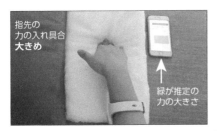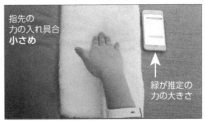

図4.5　PondusHand の力の入れ具合の推定の様子

Let's think 4.2

本節で挙げられた見えない，聞こえない非言語情報の他に，どのような見えない，聞こえない非言語情報を，コンピュータに入力すると良いと思いますか？　あなたの考えや活用方法とともに説明してみましょう．

例）気分の落ち込み，テンションの高さ，吐き気

4.3 これからの アウトプットインタフェース

　第3章で説明したように，従来のアウトプットインタフェースではディスプレイやスピーカといった視聴覚情報出力が主流でありました．その他にも，ゲームコントローラやスマートフォンに内蔵されているバイブレーション（振動子）を使った触覚情報出力も広く普及しています．ただし，震えるという以外の触覚情報出力に関しては，いまだ研究段階です．

　インプットインタフェースと同様に，アウトプットインタフェースでも，見えない，聞こえない情報をいかにコンピュータに出力していくかが課題となっています．本節では，見えない，聞こえない情報のうち，味覚や内臓感覚の情報に焦点を当てて紹介します．

4.3.1 電気味覚付加装置：特殊感覚「味覚」に作用する アウトプットインタフェース

　宮下と中村らは，舌の味蕾にパルス波の電気刺激を与え，電気味覚[※5]を提示したり，食事中の酸味や塩味を増幅させて感じさせるアウトプットインタフェース「電気味覚付加装置」（図4.6）を提案しています．

　視覚や聴覚などの他のアウトプットインタフェースを組み合わせて，食事をしていないのにバーチャルの味を感じることができます．また，フォークやスプーンに電気味覚付加装置の電極部分を設置することにより，通常の食事の味覚（酸味や塩味）を増幅して提示し，「食べる」という情報インプットに対して，「味の大きさの増減」という情報をアウトプットしています．

　これらの味覚に作用するアウトプットインタフェースの手法は，食文化の多様性を広げるエンタテインメント分野だけでなく，食事の量や成分をコントロールするといったヘルスケア分野でも応用が期待されています．

※5　電気的刺激が舌に与えられた際に感じられる味覚

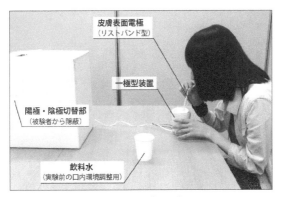

図 4.6　電気味覚付加装置
（写真提供：中村裕美氏，宮下芳明氏）

4.3.2　失禁体験装置：内臓感覚「尿意」に作用するアウトプットインタフェース

　亀岡らは，内臓感覚の1つである尿意をユーザにアウトプットする装置「失禁体験装置」（**図 4.7**）を開発しています．この装置は，「空気圧バルーンで下腹部を圧迫する（膀胱の膨満感の再現）」「ポンプで内股部のチューブにお湯を流す(尿の温かさと"おもらし"で衣服が濡れる感覚の再現)」「冷却ファンと振動子で首筋に冷気と振動を与える（排尿時の悪寒の再現）」の3つの方法により，圧迫と温度変位で尿失禁を錯覚させます．

図 4.7　失禁体験装置
（写真提供：失禁研究会）

　失禁体験装置は，失禁を伴うユーザ体験の共有，リハビリやエンタテインメント分野で活用が期待されているアウトプットインタフェースです．

感覚ごとの刺激手法

特殊感覚への刺激手法

　特殊感覚への, 非侵襲で末端器官や末梢神経系経由の刺激手法の代表的な
ものに, 視覚電気刺激, 味覚電気刺激, 嗅覚電気刺激, 前庭電気刺激があります.
それぞれの感覚, 特殊な感覚器, 感覚神経と刺激手法の代表例について, **表4.1**
にまとめています.

表 4.1　特殊感覚の感覚ごとの感覚器, 感覚神経と刺激手法の代表例

感覚	感覚器	感覚神経	刺激手法の代表例
視覚	眼	視神経	ディスプレイ→視覚刺激 HMD→運動視差を配慮した視覚刺激 網膜刺激 視覚電気刺激
聴覚	耳	聴神経	ヘッドフォン→環境音遮断型の聴覚刺激 スピーカ→聴覚刺激 骨伝導刺激
味覚	舌	舌咽神経と顔面神経	味覚電気刺激
嗅覚	鼻	嗅神経	嗅覚電気刺激 匂い合成装置→嗅覚刺激
平衡覚	内耳	前庭神経	前庭電気刺激（電気パルス）

表層感覚への刺激手法

　表層感覚への, 非侵襲で末端器官や末梢神経系経由の刺激手法の代表的な
ものとして, 「皮膚表面への直接刺激」と「触覚電気刺激」があります. 皮膚
表面への直接刺激では, 振動子, 空気圧やペルチェ素子[※6]を用いた, 本物の
触覚に限りなく近い刺激を皮膚表面に与えます. 触覚電気刺激では, 表層感
覚の受容器周辺へ電気信号を伝達させます.

固有感覚への刺激手法

　固有感覚への, 非侵襲で末端器官や末梢神経系経由の刺激手法の代表的な
ものとして, 筋電気刺激（**図4.8**）や腱電気刺激があります.

※6　直流電流により冷却・加熱・温度制御を自由に行える半導体素子

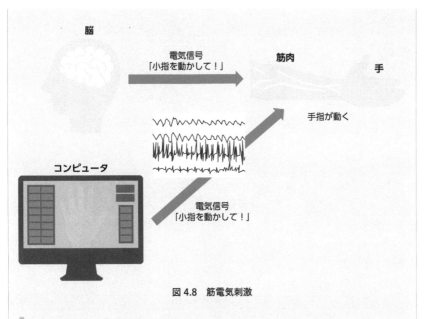

図 4.8　筋電気刺激

内臓感覚への刺激手法

臓器感覚への，非侵襲で末端器官や末梢神経系経由の刺激手法は，ほとんどありません．しかし，臓器感覚の尿意について，1つ例を挙げるとすると，p.63で紹介したように，空気圧バルーンを用いた下腹部への圧迫刺激による尿意の擬似的な再現があります．

内臓痛覚についても，非侵襲で末端器官や末梢神経系経由の刺激手法はほとんどありません．しかし，内臓痛覚である，子宮収縮による痛み（陣痛）について，1つ例を挙げるとすると，下腹部周囲への電気刺激によって子宮付近の筋肉を強く収縮させることによって，擬似的に子宮収縮による痛みを表現する事例があります．

4.4 インタフェース開発に際する留意点

　2022 年現在は，インプットインタフェースとアウトプットインタフェースともに，見えない，聞こえない情報の伝達には未開拓な部分が多くあり，研究段階にすら入っていないものもあります．見えない，聞こえない情報を伝達するインタフェースが今後発展していくと，コンピュータと人間との情報共有が一層盛んになるでしょう．そうすると，人間が取得できる情報量は増えていきます．取得できる情報量が増えると，人間の生活様式，行動原理，社会活動も変容するでしょう．HCI の研究開発者は，このような変容についても，人間として問題が起きないか，社会として問題が起きないか，を念頭に置き，観察やテストを繰り返しながら，インタフェースの研究開発を推進していかなければなりません．

 Let's think 4.3

　あなたは，何か 1 つ感覚に関するインタフェースを研究開発しました．そのインタフェースを開発したときに，問題が起きるとしたら何があるでしょうか？　説明してみましょう．

例）
《感覚に関するインタフェース》
嗅覚を提示するインタフェースを研究開発したと想定する．
《起きそうな問題》
ずっと匂いを出力するコンテンツをユーザに提供したら，ユーザが嗅覚疲労を起こした．嗅覚疲労を起こした状態が続いたため，自身の匂いに頓着しなくなってしまった．さらには，ガス漏れの匂いに気づかずに，大きな事故につながった．

第 5 章

インタフェースのデザイン

ユーザがインタフェースに使いにくさを感じるのは，主に自分の想像通りにうまく動かないときです．逆に自分の想像通りにシステムがうまく動けば，ユーザは使いやすさを感じます．本章では，ユーザにとって使いやすいインタフェースのデザインの仕方に関する，認知科学者ノーマンの提唱を，事例を挙げながら説明します．ぜひみなさんも，身の回りの使いやすいもの，使いにくいものを思い浮かべ，それはなぜか考えながら，読み進めてみてください．

キーワード

- ☐ ユーザモデル
- ☐ デザインモデル
- ☐ システムモデル
- ☐ メンタルモデル
- ☐ 制約
- ☐ アフォーダンス
- ☐ シグニファイア
- ☐ マッピング
- ☐ フィードバック
- ☐ 標準化

5.1 システムをデザインする3つのモデル

図 5.1　システムをデザインする 3 つのモデル

　システムをデザインする際のモデルには，**ユーザモデル**，**デザインモデル**，**システムモデル**の 3 つがあります（**図 5.1**）．

　ユーザモデルは，ユーザが持つ人工物のメンタルモデルです．

　ここで**メンタルモデル**とは，あるシステムに対してユーザがその頭の中に持っているモデルをいいます．メンタルモデルは私たちの想像上での物やしくみのことで，私たちは実際の物やしくみを作る前に，最初にメンタルモデルを想像します．

　デザインモデルは，デザイナーが持つ人工物のメンタルモデルです．デザイナーは，人工物の外形，機能だけでなく，使い方までを想像し，メンタルモデルを構築します．

　システムモデルは，デザイナーが実際に作り出した，人工物のモデルです．

　デザイナーは，デザインモデルに基づき人工物，つまりシステムモデルを作ります．システムモデルがユーザモデルと異なると，ユーザはデザインモデルとは異なる使い方をしてしまい，エラーが起きてしまいます．これを「ユーザモデルとデザインモデルの乖離」といいます．たとえば**図 5.2** は，回転寿司屋の粉末茶用のお湯出しボタンを，手を洗う水が出てくるボタンと勘違いしてエラーが発生した例です．

　乖離が起こらないように，デザインモデルとユーザモデルが一致するようなシステムモデルを作っていかないといけません．デザインの際に考慮すべき方法として，認知科学者ノーマン（Norman, D.A.）が考案した**制約**，**ア**

フォーダンスとシグニファイア, マッピング, フィードバックや標準化などがあります. ユーザとデザイナーは, システムモデルを介してコミュニケーションをとっているということを前提にし, これらの方法を次節から学んでいきましょう.

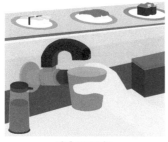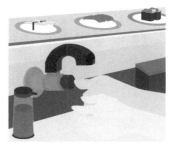

デザインモデル　　　　　　　　　　　ユーザモデル

図 5.2　ユーザモデルとデザインモデルの乖離が発生した事例

 Let's think 5.1

　世の中にある Web サービスのユーザモデル, デザインモデル, システムモデルをそれぞれ 1 文で短く説明してみましょう.

例）ソーシャルメディア
《ユーザモデル》友人に近況を知らせたり, 友人の近況を知ったりするサービス.
《デザインモデル》ユーザ同士が適切な範囲内で情報交換できるサービス.
《システムモデル》アクセス権限をもってユーザ同士が情報交換できるサービス.

5.2　制約

　デザインは，ユーザが（事前の説明なしに）適切な行動をとるための手助けとなります．その手助けは，主にデザインの中の制約やアフォーダンスにより起こります．制約はそのアイテムで「できないこと」を，アフォーダンスは「できること」をそれぞれ示唆しています．本節では制約，次節ではアフォーダンスを学んでいきましょう．

5.2.1　制約の定義

　制約とは，デザインによって，ユーザが物理的，意味的，文化的や論理的に特定の動作しか選択できないようにすること（制約の中で選択できるようにすること）をいいます．

　特定のデザインの利用シーンの中で，選択肢が多ければ多いほど，ユーザの操作は困難さを増していきます．逆に選択肢が少ないほど，操作は容易になります．制約によって，できる限り正しい操作のみを残すことを作為的にデザインできるというわけです．

5.2.2　制約の分類

　制約は，次の4つに分類できます．

5.2.2.1　物理的制約

　ユーザの行動や操作に物理的な制限を設ける制約を，**物理的制約**といいます．

例1）USB A インタフェース（図5.3）

　上下逆さだと接続できないという物理的制約を持っています．ユーザが上下逆に接続するという間違った使い方ができないようになっています．

図 5.3　USB A インタフェース

例 2）トイレのベビーチェアよりずっと高い位置にある 2 つめの鍵（図 5.4）

　トイレのベビーチェアに座った子どもがトイレの鍵を開けられないように，子どもの手が物理的に届かない高い位置に，2 つめの鍵が設置されています．

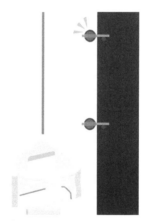

図 5.4　トイレのベビーチェアよりずっと高い位置にある 2 つめの鍵

5.2.2.2　意味的制約
　状況や外界への知識に依存した制約を，**意味的制約**といいます．

例 1）マスク

　呼気の経路を布でカバーするために（状況や外界への知識），マスクは鼻と口周辺に着用します．目や手には着用しません．

例 2）傘

　空から降ってくる雨に濡れないために（状況や外界への知識），傘は自分より上に差します．

5.2.2.3　文化的制約

　ユーザの地域の文化的慣習に基づく制約を，**文化的制約**といいます．

例 1）Good（OK）の記号

　日本では「○」は正解，「×」は間違いを表すことが一般的ですが，国によっては「○」は不正解ととらえられます．PlayStation のコントローラで「決定」の操作は，PS4 までは，日本向けでは「○」ボタン，英語圏向けでは「×」ボタンとデザイン（仕様）が異なっていました．PS5 では，日本向けでも「×」ボタンで「決定」に変更されました．

例 2）立ちション防止の鳥居マーク

　日本では鳥居は神聖なものととらえられています．そこで，立ちションが絶えない場所に鳥居マークのペイントデザインが入ったものを設置すると，立ちションが少なくなるといわれています．

5.2.2.4　論理的制約

　論理的な推測に基づく制約を，**論理的制約**といいます．

例）魚料理を食べるときに使うカトラリー

　レストランでコース料理を食べていて，魚料理が出てきたときに，テーブルにはスープスプーン，フォーク，平べったいナイフ，ギザギザのナイフが置かれていました．スープスプーンは，先ほどスープを飲むときに使ったので今回は使いません．ギザギザのナイフは，肉料理で使うので今回は使いません．結果，今回使うのはフォークと平べったいナイフ，という推測ができます．

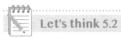

Let's think 5.2

　パソコンのユーザインタフェースの制約を書き出してみましょう.

例）
《物理的制約》電源ボタンは長押ししないと電源が落ちないようになっている.

5.3　アフォーダンスとシグニファイア

　次に，デザインによって示される可能性と手がかりである，アフォーダンスとシグニファイアについて学んでいきましょう．

　アフォーダンスとは，「対象物と人間との間のインタラクションの関係」を意味します．一方シグニファイアとは，「対象物と人間との間のインタラクションの可能性を示唆する（知覚された）手がかりや特徴」を意味します．手がかりとなるには，知覚されることが必要です．アフォーダンスには知覚されるものもあり，それはシグニファイアとして働くことが多いです．

　それでは，さまざまなデザインの例を挙げてアフォーダンスとシグニファイアについて分析してみましょう．

例 1）ベンチ

　図 5.5A のベンチのデザインでは，次のようなアフォーダンスとシグニファイアがありました．

《アフォーダンス》座れる可能性と横になれる可能性がある
《シグニファイア》座れそうで横になれそうな見た目の手がかり（特徴）

　このアフォーダンスとシグニファイアの結果，座るユーザと寝るユーザが出てきます．そこで，物理的制約（肘掛け）を設け，座れる可能性（アフォーダンス）と座れそうな見た目の手がかり（シグニファイア）のみが残されたベンチ（**図 5.5**B）がデザインされました．

図 5.5　ベンチのアフォーダンスとシグニファイア

例 2）透明なガラス扉

《アフォーダンス》通り抜けられる可能性はない

《シグニファイア》通り抜けられそうな見た目の手がかり

　結果，通常のユーザは通り抜けようとしませんが，たまに泥酔した人などが通り抜けようとしてぶつかってしまいます．

例 3）ボリュームスイッチ（図 5.6）

《アフォーダンス》回して操作ができる可能性がある

《シグニファイア》回せそうな丸くてギザギザの入った見た目の手がかり

　結果，ユーザはボリュームスイッチを回して，コンピュータの操作を行います．

図 5.6　ボリュームスイッチ

例 4）トグルスイッチ（図 5.7）

《アフォーダンス》上か下かに動かせる可能性がある

《シグニファイア》指を引っ掛けて上か下かに動かせそうな見た目の手がかり

　結果，ユーザは上か下かに指を引っ掛けて操作します．

図 5.7　トグルスイッチ

Let's think 5.3

　前述の例を参考に, 身近なものの「アフォーダンス」「シグニファイア」と「その結果」を説明してみましょう.

Column　アフォーダンスとシグニファイアの変遷

　HCI やデザインの分野で，アフォーダンスとシグニファイアは，前述の通り区別して定義されていますが，この 2 つの言葉はしばしば混同して使用されます．

　もともとアフォーダンスは，生態心理学の基底的概念として，心理学者ギブソン（Gibson, J.J.）が提唱した概念です．ギブソンの提唱したアフォーダンスは，動物と物の間に存在する，行為についての関係性を意味します．

　アフォーダンスをデザインの世界に流用したのがノーマンです．ノーマンは，1988 年に著書 *The Psychology of Everyday Things*（日本語訳は『誰のためのデザイン？』，1990 年刊行）で，アフォーダンスを，「事物の知覚された特徴あるいは現実の特徴、とりわけ、そのものをどのように使うことができるかを決定する最も基礎的な特徴」として紹介しました．

　ギブソンの提唱したアフォーダンスは，それが知覚されようがされまいが，環境に存在するものです．しかしノーマンはデザインの立場からすると知覚されないアフォーダンスは意味がないとして，「知覚されたアフォーダンス」のみを問題としました．ノーマンの紹介によって，デザイン分野では，アフォーダンスが「人をある行為に誘導するための手がかり」という意味で使われるようになりました．

　ノーマンはアフォーダンスの誤用を止めるために，「人をある行為に誘導するための手がかり」を表す別の言葉として，「シグニファイア」を用いました．2013年に刊行された（日本語訳は 2015 年刊行）『誰のためのデザイン？ 増補・改訂版』[※1]では，アフォーダンスとシグニファイアをそれぞれ，5.3 節に示した意味で紹介しています．なお，「シグニファイア」は，記号学者ソシュール（Saussure, F.de）によって定義された記号学用語シニフィアン（フランス語で signifiant，意味は「表すもの」）を流用したものです．ソシュールの定義したシニフィアンとノーマンの用いるシグニファイアは異なるものです．

　現在ノーマンは明確にアフォーダンスとシグニファイアを分けて使用することを推奨していますが，『誰のためのデザイン？』の初版刊行から増補・改訂版刊行までの 25 年間に，初版の「アフォーダンス」の定義が HCI を含むデザイン業界で広く知れ渡ったために，いまだに誤用され続けています．

※1　原著は，1990 年に初版のペーパーバック版が刊行されたとき，タイトルが *The Design of Everyday Things*（Psychology → Design）に変更されました．増補・改訂版でも，このタイトルを引き継いでいます．

5.4 マッピング

　マッピング（対応づけ）とは，「表示と操作の対応関係をユーザに示す手がかり」のことをいいます．ノーマンは，マッピング（対応づけ）について，「制御部と行為の間の関係は良い対応づけの原理に従う。それは、可能な限り空間的なレイアウトや時間的な接近によって支えられる。」と述べています．マッピングを理解し重要性を確認するために，事例を挙げながら説明します．

例1）ガスコンロのスイッチの配置

　図 5.8 は，コンロ3口と，それらのスイッチの配置を示しています．左図では，コンロとスイッチの配置が対応づけられています．一方，右図では，コンロとスイッチの配置の対応づけがされていません．右図のような配置では，BやCのコンロのスイッチを入れる際，間違えてしまう人がいるかもしれません．

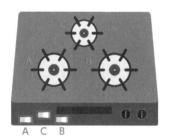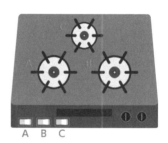

図 5.8　ガスコンロのスイッチの配置

例2）家電とブレーカー・スイッチの配置

　実際の家電の配置と，ブレーカーやスイッチの配置が同じでないと，ユーザが混乱して事故が発生する可能性があるので気をつけましょう．対応づけがあるかないかは，ユーザの操作ミスに大きく影響します．

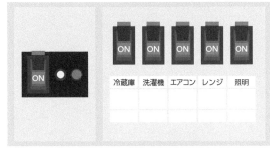

冷蔵庫	洗濯機	エアコン	レンジ	照明

図 5.9　家電とブレーカーの配置

Let's think 5.4

図5.9のブレーカーのスイッチだと, ユーザはどのようなミスをおかしてしまうでしょうか?　ブレーカーが落ちた状態での操作を想像しながら, 想定されるミスを考えてみましょう. また, ブレーカーのスイッチをどのように配置すべきであるか, 考えてみましょう.

Let's think 5.5

前述の例を参考に, 身近なものでマッピングをうまく利用している事例を挙げてみましょう.

5.5　フィードバック

　フィードバックとは，「ユーザが作用（操作）したときの対象からの反応」のことをいいます．フィードバックを確保することにより，ユーザは操作したときに「（自分が）今何をしているか」を知り，そして「目的はちゃんと達成できたか」という評価ができるようになります．同時に，フィードバックは「次に何をすべきか」を示すこともあります．

例1）マウス操作時のポインタ挙動（図5.10）

　ユーザがマウスを2次元座標上（つまり机の上）で操作すると，マウスの元の位置から移動後への相対する位置と対応するように，コンピュータのディスプレイ上でポインタが動作します．ユーザがマウスを右に動かしたらポインタも右に動いて，ユーザが左にマウスを動かしたらポインタも左に動くといった対応した反応を見せることで，ユーザがきちんと操作できているということ，ポインタ操作という目的が達成できていることをユーザに伝えることができます．

図5.10　マウス操作時のポインタ挙動

例2）マウス操作時のクリック音

　ユーザがコンピュータの操作画面であるGUIに対して，きちんと対象物にクリックの操作ができたかどうかを，音で示しています．カチッという音が鳴る場合が多いです．うまくクリック操作ができていないときはクリック

音が鳴らないようになっています．

例 3）間違った情報を入力した際のブザー音（図 5.11）

　ユーザがコンピュータに間違った情報を入力した際（たとえば半角英数字を入れないといけなかったのに全角英数字を入れてしまったなど），ブザー音を鳴らして，間違っていますよというネガティブ・フィードバックをユーザに与えます．修正しないといけないという評価や，次の行動として何をすべきなのかをユーザに示します．ブザー音でなく，テキストが灰色に変化するような例もあります．

図 5.11　間違った情報を入力した際のブザー音

Let's think 5.6

　スマートフォンに搭載されているマルチタッチシステムのフィードバックには，どのようなものがあるでしょうか．前述の例を参考に，列挙して説明してみましょう．

5.6 標準化

　標準化とは，「複数の視点をもってしても選択肢を絞れない場合に，関係者で同意形成して統一の方向をもって設計すること」をいいます．

　前節までに紹介した制約，アフォーダンスとシグニファイア，マッピングやフィードバックを利用してデザインが1つに絞れない場合，複数の関係者で仕様を統一する方針を決め，その方針に従って設計します．標準化の際は，生活様式，文化や慣習などを参考にするだけでなく，各企業にとって有利な仕様になるように，政治的な抗争がある場合もあります．

　現在は，世界中でコンセントの形状は国際標準で単独に統一はされていない状態です．各国のコンセントは，それぞれが制約，アフォーダンスとシグニファイア，マッピングやフィードバックに配慮していますが，複数のコンセントの形状が世の中に存在しています．そのため，旅行客や移住者は，変換プラグを持ち歩かなければならず，結果的に不便なデザインとなっています（図5.12）．

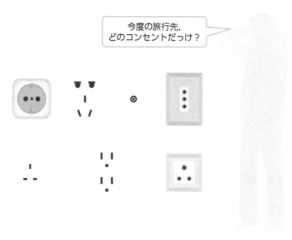

図 5.12　コンセント

国単位での不都合には，国際標準化によって可能な限りデザインの方針統一がはかられています．主要な国際標準化団体は ISO（International Organization for Standardization，国際標準化機構）です．日本国内の規格だと JIS（Japanese Industrial Standards，日本産業規格）が有名です．

また，標準化団体で話しあって作った規格だけではなく，たまたま慣例的にできてしまった規格を標準化している場合もあります．たとえば，プラス端子の電線被覆は暖色系，マイナス端子の電線被覆は寒色系が多く，その慣例を標準化して，プラス端子の電線被覆を赤，マイナス端子の電線被覆を黒とする規格が複数あります（図 5.13）．

図 5.13　テスター（計測器）もプラス端子は赤，マイナス端子は黒となっている

 Let's think 5.7

身近な電化製品の電源の JIS の規格内容について調査し，調査結果をまとめましょう．

Column　　　　　　　標準化を巡る争い

　各国や各企業でデザインが異なることで，ユーザの利便性が損なわれる，あるいは損なわれそうになったときに，標準化の協議がなされます．そこでは，各国や各企業が保持している知財や生産体制に有利なデザインを標準化の設計にして，生産を独占したいという思惑が出てくる場合もあります．その結果，イニシアチブを積極的にとって，各自に優位な標準化を推し進めようとする政治的な抗争が起きます．

　たとえば，標準化することによって a という装置が必要になったとき，a の知財と生産体制を持っている企業 A に集中的にライセンス契約や生産依頼が来ます．そのため，企業 A は必死に標準化のイニシアチブをとろうとするのです．

　ただ，表向きには，全体の利益と市場全体の利潤を考えて標準化することとなっています．

第6章

ヒューマンエラー

人は間違える生き物です．研究者や開発者がどんなに優れたユーザインタフェースを作ったとしても，その操作に人が関わる限り，ヒューマンエラーが発生します．ヒューマンエラーに対応できるように，またヒューマンエラーを減らせるように，どのようなヒューマンエラーがあるのかを学んでいきましょう．またヒューマンエラーを導きかねない，ユーザインタフェースの失敗事例，BADUIも紹介します．これは第5章とも強く関連しています．

キーワード

- ☐ ヒューマンエラー
- ☐ スリップ
- ☐ ラプス
- ☐ ミステイク
- ☐ 違反行為
- ☐ 行為の7段階モデル
- ☐ BADUI

6.1 ヒューマンエラーの分類

　本節では，**ヒューマンエラー**の定義とその種類について紹介します．

　ヒューマンエラーとは，人間が原因となって起こる失敗や過誤のことをいいます．ヒューマンエラーの分類にはさまざまありますが，ここではリーズン（Reason, J.）（1990）の分類を紹介します（**図 6.1**）．リーズンは，事故につながりうる安全ではない行為を，意図しない行為と意図した行為とに分け，**スリップ**と**ラプス**を意図しないもの，**ミステイク**と**違反行為**を意図したものに配置しました．このうちスリップ，ラプス，ミステイクをヒューマンエラーとし，ルールから逸脱すると知りながらあえて行われる違反行為とは区別しました．

　それでは，スリップ，ラプス，ミステイクおよび違反行為の内容を学び，対策について議論していきましょう．

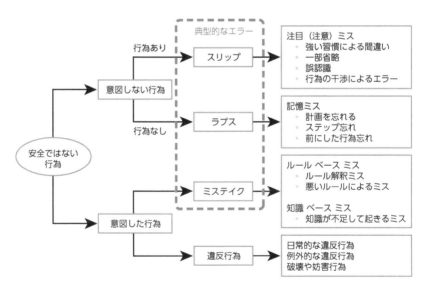

図 6.1　安全ではない行為の分類
（Reason, J., 1990, Figure1 を引用）

● スリップ

スリップとは，正しいルールがあったものの，意図しない行為を実行することによるヒューマンエラーをいいます．

例）ロボット制御時のボタンの押し間違い（図6.2）

ロボットには「緊急停止」と書かれた青色のボタンがありそれを認識していたにもかかわらず，ロボットが危険な行動をしたときに，とっさに「実行」と書かれた赤色のボタンを押してしまいました．ユーザは，赤色は危険を示すときに使用されやすい，という強い習慣により誤認識してしまったために起こりました．

ああっ
青が「緊急停止」だって
知っていたのに…！

図6.2　スリップの例

● ラプス

ラプスとは，正しいルールがあったものの，意図せずに行為を実行しないことによるヒューマンエラーをいいます．

例）書籍執筆時のデータの保存し忘れ（図6.3）

筆者は，1日かけて16ページの書籍執筆を終えましたが，執筆に夢中になっていたことと，16ページ書き上げた達成感に満たされ，なぜかすっかりデータ保存することを忘れてしまいました（フィクションです）．

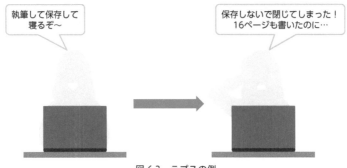

図 6.3　ラプスの例

● ミステイク

　ミステイクとは，意図した行為が実施されたものの，ルール自体や解釈にミスがあったり，知識が不足していたりして，正しい行為ができなかったヒューマンエラーのことをいいます．

例）ファイル形式の誤認識

　　ユーザは「Adobe Acrobat Reader」で pdf ファイルを開こうとしました．pdf ファイルと pptx ファイルのアイコンが似ていて同じだとユーザは思いました（解釈ミスと知識不足）．結果, pptx ファイルを「Adobe Acrobat Reader」で開こうとして失敗しました．

● 違反行為

　違反行為とは，ユーザがルールに違反する行為を意図的に実施することをいいます．ヒューマンエラーとは区別されます．

例）AC アダプタの指定の無視

　　スマートフォンの充電をするときに，5V/1A の AC アダプタに接続するよう記載がありそれを認識していたにもかかわらず，ユーザは急速充電できそうなので 5V/3A の AC アダプタに接続しました．

　上記のように，人間の行為によってさまざまなエラーが起こります．HCIの研究開発をする際には，これらに配慮して研究計画，デザインや開発計画

をたてましょう.

Let's think 6.1

下記の事例は，ヒューマンエラーのうち，どの類型になるでしょうか．図 6.1 から選び，説明してみましょう.

「洗面台で，歯磨き粉のつもりで洗顔料をとり，洗顔料で歯を磨いてしまった」

Let's think 6.2

スリップ，ラプス，ミステイクと違反行為の 4 つの安全ではない行為について，どのような対策があるか議論と調査を行い，その内容をまとめてみましょう.

6.2 行為の 7 段階モデル

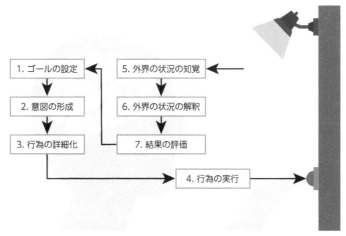

図 6.4　行為の 7 段階モデル

　ノーマンは，機器やコンピュータなどの人工物を操作するときに人が行う行動を，目標を実行し評価するサイクルとしてとらえました．これを**行為の7 段階モデル**といいます．このモデルは「ユーザがやりたいこと」と「できること・できたこと」の乖離がどこで発生するかを分析するヒントになるので，新しい製品やサービスを開発するときのガイドとなるほか，ヒューマンエラーの理解にも役立ちます．

　まずは行為の 7 段階モデルについて説明します．人間行動を設定目標の達成活動とみなし，次の 7 段階が循環するというモデルです（**図 6.4**，**表 6.1**）．なお，ノーマンは 7 段階の境界は明確なものではなく，常にすべての段階を経るわけではないということも述べています．

表 6.1 行為の7段階モデル

段階	概要	例：照明の光量調整
1. ゴールの設定	どのような行為の結果を求めるか	暗くて本が読めない．本が読める程度に環境を明るくしたい．
2. 意図の形成	そのためにどういう方針や行為のプランをとるか	眩しくない程度に本が読める明るさまで照明の光量を調整する．
3. 行為の詳細化	具体的にどのようなことをするか	照明ボタンを押して，光量を数段階の中から選択する．
4. 行為の実行	—	適切な光量になるまでボタンを何度も押す．
5. 外界の状況の知覚	（行為の結果として）外界に何が起こったか	明るくなった．そして，目も痛くない．
6. 外界の状況の解釈	起こったことの意味は何か	この明るい環境なら本が読めそうだ．そして眩しくもない．
7. 結果の評価	当初のゴールは達成されたか	本が読める程度に環境を明るくできた．ゴール達成．

　ゴールが達成できなかった場合は，ふたたびサイクルをまわします．たとえばボタンを一度押したあと，まだ暗かったり眩しくなりすぎたりしたのであれば，別なボタンを押します．

　次に，ヒューマンエラーはそれぞれ，行為の7段階モデルのどの段階で起こるのか考えてみましょう．行為はされるもののその計画に問題があるミステイクは，「1. ゴールの設定」「2. 意図の形成」「7. 結果の評価」で起こります．意図しない行為をしてしまうスリップは，「3. 行為の詳細化」「4. 行為の実行」「5. 外界の状況の知覚」「6. 外界の状況の解釈」で起こります．ラプスは，各段階の8つの遷移時（**図6.4**の8つの矢印）のどこでも起こります．

Let's think 6.3

　身近な家電のインタフェースを例に挙げ，どのようなヒューマンエラーが生じうるか，行為の7段階モデルに当てはめて説明してみましょう．

Column　　　　　　　エラーに備えたデザイン

　ノーマンは，著書『誰のためのデザイン？ 増補・改訂版』で，エラーに備えたデザインとして，次の5つを提唱しています.

1　エラーの原因を理解し，その原因が最も少なくなるようにする.
2　意味的妥当性チェックを行う（ユーザから要求された操作が合理的かどうかをチェックする）.
3　行為は元に戻すことができるようにする. 元に戻せない行為は，実施を難しく設定する.
4　生じたエラーをユーザが発見しやすくする. また，それを訂正しやすくしておく.
5　どのような行為もエラーとして扱わない. むしろ，人が正しく行為を完了できるように助ける. ユーザの行為をユーザの目的に近いものとしてとらえる.

　1つめは，ユーザの行為を観察し，6.1節のエラーの種類に当てはめると実施することができます. 2つめは，たとえば銀行振込のシステムで，普段よりも非常に大きな額の振込が指示されたとき（大抵はユーザの入力ミス）に，振込を止められるようにする，というものです. 3つめと4つめはエラーの修正を促す，あるいは再発を防止するものです. そして，5つめを深く思慮すると，エラーはどうしても起きてしまうものだとも理解できます. 人間とコンピュータをつなぐインタフェースを研究開発あるいはデザインする際には，「エラーは必ず起きる」と念頭に置いておきましょう.

6.3 BADUI

BADUI（Bad User Interface）とは，ユーザインタフェースの失敗事例のことです．具体的には，使いにくい，理解しにくい，不快感がある，などのユーザの行動とメンタルモデルに即さないユーザインタフェースのことです．2008年にHCI研究者の暦本純一氏が提示し，中村聡史氏が書籍やWebサイトにまとめました．

BADUIはヒューマンエラーを導きかねません．過去の失敗事例を普段から学び，今後の研究や開発に活かしていきましょう．

例1）照明スイッチの隣に非常用ボタン（図6.5）

図 6.5 BADUI の例：照明スイッチの隣に非常用ボタン

照明スイッチは，部屋が暗いときに照明をオンにする機能を持ったスイッチです．そのため，通常は手探りでスイッチを押せるようになっています．ただし，近くに似たようなスイッチやボタンがあると，ユーザは間違ってそちらのボタンを押してしまうかもしれません．

例2）道案内の標識（図6.6）

図 6.6 BADUI の例：道案内の標識

　駅に向かうための道案内として標識が設置されていることがあります．しかし，施設が大型であったり立体構造であったりする場合，どの方向に行っても，結果としては目的地にたどり着けるように経路が設定されていることがあります．確かにどの方向に行っても，目的地にはたどり着けるかもしれませんが，「どの方向に行けば何 m 先に目的地があるのか」を記載したほうが良かったのかもしれません．本書の担当編集者曰く「これではただ強い将棋のコマ，"金"にしか見えない」とのことです．

例 3）文化的制約によって BADUI になりかねない GUI ボタン

図 6.7　文化的制約によって BADUI になりかねない GUI ボタン

　ダイアログやアラートの GUI について，「否定的（いいえ，Cancel など）なボタンは左，肯定的（はい，OK など）なボタンは右」と，ガイドラインで決まっている場合があります．一方で，破壊的あるいは誤った判断をしかねない内容の場合は，「肯定的なボタンは左，否定的なボタンは右」となっているガイドラインも多いです（たとえば編集中のファイルを保存前に閉じようとするとき，「保存」ボタンは左にあります）．

　最近のスマートフォンやパソコンのダイアログやアラートでは，ほとんどの場合，「肯定的なボタンは左，否定的なボタンは右」となっています．そのため，「否定的なボタンは左，肯定的なボタンは右」のダイアログやアラートが出てきた際に（図 6.7），ユーザが目的とする行為とは違うボタンを押してしまうおそれがあります．ボタンを大きくしたり，色を変えたり，わかりやすいボタン名にしたりして（図 6.8），エラー（スリップ）を減らしましょう．

図 6.8 BADUI にならないように工夫された GUI ボタン

Let's think 6.4

身近な BADUI を 3 個挙げて，その理由と改善案を説明してみましょう.

第7章

人間中心デザイン

ユーザにとって使いやすいシステムを開発するには，ユーザの視点に立って，ユーザがそのシステムのユーザモデルを構築しやすく，あるいは，ユーザモデルとシステムモデルとのギャップが小さくなるように設計することが重要です．本章では，こうした，ユーザの視点に立った製品のデザインについて説明します．章のタイトルに「デザイン」が入っていますが，「第5章　インタフェースのデザイン」よりも，開発の全体像（ユーザのニーズを観察する→理解を深める→プロトタイプを設計する→プロトタイプを評価して，改良する）をみていきます．

キーワード

- ☐ 情報デザイン
- ☐ ユーザビリティ
- ☐ 人間中心デザイン（HCD）
- ☐ ユーザ体験（UX）
- ☐ HCD における観察・理解・設計・評価

7.1　情報デザイン

　HCI でインタフェースを研究開発する際，特に情報の流れをデザインする際には，**情報デザイン**の観点を取り入れましょう．

7.1.1　情報デザインの定義

　まず情報デザインとは何でしょうか．国際情報デザイン研究所(IIID)では，次のように，情報とデザインを定義したうえで，情報デザインを定義しています．

情報：データを受け取る人の知識に加える方法で，データを処理，操作，整理した結果
デザイン：問題点の発見であり，創始者が知的かつ創造的な試みを行うことであり，図式や仕様書などの設計図や図面でそれら問題点や試みを明らかにしていくことである
情報デザイン：表象する環境やメッセージの内容といった，ユーザの目的となっている問題を解決に導くための定義であり，計画であり，具現化することである（原典：IIID: Definitions；日本語訳：大和田龍夫，2001）

　情報デザインは，問題解決への誘導にフォーカスが当たっており，特に問題解決のためにユーザにいかに適切な情報やその処理を伝達するか，という点が問われるデザインだといえます．

7.1.2　情報デザインのために必要な配慮

　情報デザインのためには，下記 3 点に配慮する必要があります．

● 1.　情報をユーザに適切に伝える
　ユーザに情報をわかりやすく伝達します．不要な情報を遮断，あるいは適

切なタイミングを見計らい伝達することで，情報の流れを設計します．これはユーザビリティにも直結します．

● 2.　人間中心デザイン（HCD）に基づく

HCD（human-centered design）は，ユーザ（人間）の観点で物を作るためのしくみです．

● 3.　物や情報だけでなく体験にも配慮する

ユーザと物や情報のインタラクションの積み重ねから生まれる体験が，問題解決に対して適切であるか配慮します．**ユーザ体験**（UX: user experience）への配慮ともいえます．

ここで，新たな単語「ユーザビリティ」と「ユーザ体験（UX）」が出てきたので，これらの定義も確認しましょう．

ユーザビリティとは，機器やソフトウェア，Web サイトなどの使いやすさ，使い勝手のことをいいます．国際規格の ISO 9241-11:2018 では，下記のように定義しています．漠然とした「使いやすさ」よりは限定された概念で，ユーザが対象を操作して目的を達するまでの間に，迷ったり，間違えたり，ストレスを感じたりすることなく使用できる度合いを表しているといえます．

ユーザビリティ：特定のユーザが特定の利用状況において，システム，製品またはサービスを利用する際に，効果，効率及び満足を伴って特定の目標を達成する度合い

- 利用状況（context of use）：ユーザ，目標およびタスク，資源ならびに環境の組合せ
- 有効さ（effectiveness）：ユーザが特定の目標を達成する際の正確性および完全性
- 効率（efficiency）：達成された結果に関連して費やした資源
- 満足度（satisfaction）：システム，製品又はサービスを使用した結果，ユーザの身体的，認知的および感情的反応が，ユーザのニーズおよび期待をどの程度満たしているか

　ユーザ体験（UX）とは，製品やサービスによってユーザにもたらされる
体験のことをいいます．製品やサービスの機能や性能，内容，使い勝手といっ
た性質そのものよりも，それを通じてユーザが得られる体験がどのようなも
のであるか（楽しい，満足など／いらいら，怒りなど）に着目する考えに基
づきます．国際規格の ISO 9241-210:2019 では，「製品，システム，サービ
スの利用および予期された利用のどちらかまたは両方の帰結としての人の知
覚と反応」と定義されています．

7.1.3　HCD とその 4 つのフェーズ

　前述の通り，情報デザインには，ユーザビリティ，HCD，UX のしくみや
要素が含まれています．ユーザの問題解決のための情報伝達には，これらす
べてを考慮する必要があります．本書では，特に重要な HCD について紹介
していきます．

　HCD は，「観察」「理解」「設計」「評価」の 4 フェーズからなります．こ
の 4 フェーズを繰り返し，各サイクルにおいてより深い洞察を生み出してい
くことで，問題解決を目指します．次節から，この 4 つのフェーズについて
学んでいきましょう．

Let's think 7.1

　ネットショッピングの際には，買い物が終わるまで，ユーザにどんな体験が与えら
れますか？　そのうち満足感のある体験や不要な体験にはどのようなものがあります
か？　説明してみましょう．

7.2 HCD における観察

観察は，ユーザの興味や行動の動機，ニーズを理解し，解決すべき問題を見つけるため，もしくは問題の適切な解決策を見つけるために，潜在的なユーザを対象に行われます．

HCD の観察手法は，観察の目的，対象者の状態，分析方法や研究開発の段階によって多様なものがあります．そのときに適切な観察手法を選びましょう．

観察では，量的調査（定量調査，quantitative research）と質的調査（定性調査，qualitative research）によってデータが収集されます．量的調査では，観察の対象者へのアンケート上の尺度，挙動の回数，経過時間などの数値化できるデータを収集します．質的調査では，観察の対象者の状態，印象や，インタビューから得られる文章データなどの数値化されていないデータを収集します．

本節では，観察で行われる質的調査のうち，代表的な 6 種類を紹介します．

7.2.1 Found Behavior 手法

Found Behavior 手法とは，特定の人工物に対する，もしくは特定の環境下における対象者のふるまい（behavior，**図 7.1**）を注意深く観察し，その観察結果を収集する手法です．ふるまいをヒントとして，最適なインタフェースをデザインします．

図 7.1　人のふるまいの例：無意識にペンの向きを揃える

7.2.2　ビデオ観察調査

ビデオ観察調査とは，特定の人工物に対する，もしくは特定の環境下における対象者の様子をビデオで撮影し，後日ビデオを再生して対象者の状態，工夫やふるまいを観察する手法です．観察者が対象者の近くにいる必要がなく，何度も確認できる，スローや早送り再生ができるなど，調査の精度や効率向上もはかれます．

7.2.3　フィールドワーク

フィールドワークとは，対象者を観察するにあたって最適な環境に，観察者が直接訪問して調査を行う手法です．HCI 研究ではフィールドワークにおける観察対象は主に人間ですが，生態学や地学などの他分野では対象者が生物や無機物であることが多いです．

7.2.4　エスノグラフィー

エスノグラフィーとは，観察者が特定の対象者と行動や生活をともにし，文化や行動様式の詳細を記録していく観察手法です．対象者の考えや文化を客観的な視点から深く知るために行われます．

エスノグラフィーは，文化人類学や民俗学などの分野で広く用いられている観察手法で，数カ月から数十年の長い期間をかけて観察することが一般的です．HCI 研究では，インタフェースのデザインに必要な要素について事前に仮説をたて，その仮説においてのみ注意深く観察する，短期間のエスノグラフィーを実施することもあります．

7.2.5　アンケート調査

アンケート調査は，観察者が，あらかじめアンケート（質問票）を用意して，対象者に回答してもらう手法です．質的調査のアンケートでは，テーマを大きく設定し，自由記述や自由描画によって回答を受けることがほとんどです．一方で，アンケートでは尺度や数値によって回答してもらうこともあり，その場合は量的調査にあたります．アンケート調査の詳細は，第 8 章を参照してください．

7.2.6 インタビュー

インタビューは，観察者が対象者に，特定の人工物や特定の環境に関する質問を投げかけ，その回答，行動や態度を観察する手法です．

対象者が複数いるインタビューを**グループインタビュー**といいます．グループインタビューでは，個々の反応だけでなく，対象者同士のコミュニケーションの変化も観察対象となります．

観察者と対象者が一対一で行うインタビューを**デプスインタビュー**といいます．1つのことに対して，対象者の考えや，回答の背景までを深く観察することを目的としています．

Let's think 7.2

あなたは小学生のコミュニティの情報サービスを設計することになりました．そこで，短期間のエスノグラフィーを実施することにしました．小学生のコミュニティに対して短期間のエスノグラフィーを実施する際に，配慮できることを3つ以上挙げてみましょう．

7.3 HCD における理解

　理解では，観察により得られたデータや知見をもとに，アイデアの展開および絞り込みを行います．観察と同様，解決すべき問題を見つけるため，また問題の適切な解決策を見つけるために行われます．

　本節では，理解で用いられる代表的な 5 種類の手法を紹介します．

7.3.1 マインドマップ

　マインドマップは，目的とするテーマに対して，得られた情報や連想される情報を描画し，情報の関連性をまとめていく，思考（今回はアイデア）を展開する手法です．

　描画領域の中央部分に言葉や絵で表されるテーマを設置し，その周囲に関連する情報を描画します．テーマと複数の情報同士を，連想によって線（枝）でつないで描画します（**図 7.2**）．

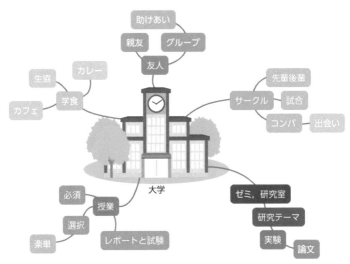

図 7.2　マインドマップの例

7.3.2 ブレインストーミング

　ブレインストーミング（ブレスト）は，事前にテーマや情報（今回の場合は観察で得られたデータや知見）を，（できれば複数の）参加者に提供し，それらに従ってアイデアを大量に展開する手法です．

　時間を区切りアイデアを大量に出力します．出されたアイデアに対して批判はせず，自由に議論し，人から出たアイデアに刺激を受けて，さらに新たなアイデアを生み出していくことで，多様なアイデアが期待できます．

　ブレインストーミングには次の4つの原則があります．

● 1. ブレスト中は，判断・結論を出さない（結論厳禁）

　不可能な事項について否定するのではなく，できる限り解決法を探しましょう．

● 2. 粗野な考えを歓迎する（自由奔放）

　自分がやりたいことに，奇抜で新規性があるアイデアを組み込みましょう．

● 3. 量を重視する（質より量）

　多角的な視点から，大量にアイデアを出しましょう．

● 4. アイデアを結合し，発展させる（結合改善）

　アイデアを結合させたり，変化させたり，他人の意見に便乗したりしましょう．

　ブレインストーミングで出たアイデアを整理する手法の1つである **KJ 法**では，1つのふせんに対しアイデア1つを記載し，可視化します．次に関連するアイデアを近くに，関連性がないアイデアを遠くにするようにふせんを並べ換えることで，アイデア同士をクラスタリング（グループ分け）します．クラスタリングによって，新たな視点を得ることができます．クラスタリングされたアイデアの中から，目的に沿った最適なアイデアを選出します．

7.3.3 シーズ・ニーズ・マトリックス法

シーズ・ニーズ・マトリックス法は，複数のシーズ（種となる技術）と，複数のニーズ（需要のもととなる対象者のペルソナ）をマトリックスにして一覧できる記入シートを作成し，交点に実現可能性やアイデアを書き込み，シーズとニーズのマッチングによりアイデアを絞る手法です（図 7.3）．

シーズ（種となる技術） ニーズ（需要のもととなる対象者のペルソナ）	シーズ 1	シーズ 2	シーズ 3	…
ニーズ 1				
ニーズ 2				
ニーズ 3				
…				

交点に実現可能性や
アイデアを書き込んでいく

図 7.3　シーズ・ニーズ・マトリックス法

7.3.4 ラダリング法

ラダリング法は，インタビューでの多数の感覚的な表現や評価について，対象者に「なぜ？」や「どこが？」など質問し直し，抽象かつ具体化された回答を得る質問手法（図 7.4）です．

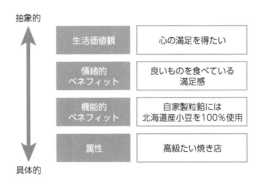

図 7.4　ラダリング法

7.3.5 シャッフルディスカッション

シャッフルディスカッションは，観察者でも対象者でもない外部の人を招き，自分たちの観察結果やアイデアを説明してフィードバックを受けることによって，第三者視点を得る手法です．

Let's think 7.3

下記の簡易 KJ 法を実施し，身の回りに必要なサービスについて，アイデアを展開してみましょう．展開したアイデアを，文章にまとめましょう．この演習は，できるだけ 3 〜 5 人のグループで実施してください．実施の際には, p.105 の「ブレインストーミングの 4 原則」を考慮しましょう．

《簡易 KJ 法の手順》
STEP 0.（3 分）テーマを決め，その内容を説明しましょう（できれば教員が実施）．

- テーマの例 A：中学生が寝坊しないサービス
- テーマの例 B：結婚しなくても，死ぬまで幸せを確信できるサービス

STEP 1.（10 分〜 15 分）各自，ふせんに，必要なサービスのタイトル，説明文，できれば図を記入しましょう．このふせんは，2 分あたり 1 枚作りましょう．
STEP 2.（20 分程度）グループ全員で，ふせんに記入したサービスを説明しあいましょう．
STEP 3.（10 分程度）卓上にふせんを並べ，類似するサービスのふせんをグループ化しましょう．
STEP 4.（10 分程度）離れたグループのふせん同士を組み合わせて，新しいサービスを 1 人 2 つ提案してみましょう．

7.4 HCD における設計

　次に解決策のアイデアをもとに，プロトタイプを設計します．アイデアが妥当かどうかを本当に知るための唯一の方法は，それを試すことです．

　インタフェース設計の際には，ソフトウェアあるいはハードウェアのプロトタイプを作成し，評価と議論をしながらプロトタイプをアップデートしていきます．なお，インタフェース設計時のプロトタイプとは，外見（ユーザインタフェースの見た目）や機能を簡易的に作成したもの（試作品）を指します．

　p.99 で紹介したユーザビリティの定義に沿って，有効さ，効率，満足度に配慮した設計をしましょう．設計時におさえておきたい法則は第 9 章で説明しています．

Let's think 7.4

　HCI の研究成果を製品として設計し，制作していく過程で，技術検証試験 (EVT: engineering validation test)，設計検証試験 (DVT: design validation test)，生産検証試験 (PVT: product validation test あるいは process validation test) の 3 つの段階があります．この 3 つの段階について調べて，説明してみましょう．

7.5 HCD における評価

次に，プロトタイプを使ってもらい，**評価**しましょう．使ってもらうのは，製品やサービスが意図しているユーザにできる限り一致する人が良いです．

インタフェースを評価する際には，ユーザの状況，立場，感じ方や満足度など，さまざまな側面で評価する必要があります．本節では，インタフェースの研究開発に便利な評価方法をいくつか紹介します．さまざまな評価方法の中から，インタフェースの目的に沿った評価方法を選びましょう．

観察と同様に，評価で得られるデータによって，評価の種類が異なります．取得するデータが，言葉など数値以外である場合は質的評価，数値である場合は量的評価となります．質的評価か量的評価かによって分析方法が変わるので，どちらの評価か，実験計画の段階で十分に調整しておきましょう．具体的な実験時の評価については，第8章で学びましょう．

7.5.1 質的評価

7.2 節で紹介した質的調査の手法を用いたり，ユーザから発信される情報（意見，まばたき，表情や発汗など様々な情報）を考察したりすることによって，評価をします．インタフェースの問題点，問題の原因や改善策を，主に推察によって導きだします．

質的評価のその他の方法に，**ヒューリスティック評価**や**認知的ウォークスルー評価**があります．

● ヒューリスティック評価

それぞれのインタフェースに関連する専門家に，インタフェースを観察あるいは使用してもらい，専門家の哲学，文化，経験則やガイドラインに基づいて，インタフェースの問題点や改善策の意見をもらう評価方法です．ヒューリスティック評価では，最短時間でインタフェースの問題点や改善策がわかるというメリットがあります．一方で，ヒューリスティック評価は局所解に陥りやすく，従来とまったく違った新しいインタフェースを打ち出す際に

は，新しいインタフェースの魅力が発揮されにくくなる場合があるというデメリットもあります．

● 認知的ウォークスルー評価

　開発者がユーザの気持ちになってインタフェースを観察，あるいは使用することで，ユーザ視点でインタフェースを評価します．デザイン時や開発時には気づかなかった問題点や改善策に気づけるので，インタフェースのプロトタイプをデザインした時点で，頻繁に認知的ウォークスルー評価を実施することをおすすめします．ただし，ユーザの気持ちをつかみきれないと，問題点や改善策を発見しづらいというデメリットがあります．複数人で認知的ウォークスルー評価を実施するとともに，他の評価方法と組み合わせてインタフェースを評価しましょう．

7.5.2　量的評価

　量的評価では，数値データによって，主にインタフェースの効率を計測し比較します．数値データの例は「ユーザが情報入力にかかった時間（秒）」や「ユーザの手元にあるインタフェースを操作し，遠隔地にいるロボットを移動させることができた距離（m）」などです．数値データは，既存の単位で定量的に絶対評価によって計測できるものであることに注意をしてください．得られた数値データは，集計あるいは統計によって分析されます．

| Column | HCD の規格 |

HCD の基本原則やプロセスについて，ISO 9241-210 によって規格化され
ています．対応する日本産業規格は JIS Z 8530 です．

この規格では，次の 4 つのプロセスを，妥当な評価結果になるまで繰り返
すことが提案されています．

- 使用状況の理解と明示
- ユーザと組織の要求事項の明示
- 設計による解決策の作成
- 要求事項に対する設計の評価

関連文書の 1 つ ISO/TR 16982:2002 では，次の 12 種類のユーザビリティ
評価手法が紹介されています．

- ユーザ観察
- パフォーマンス評価
- クリティカルインシデント法
- アンケート評価
- インタビュー
- シンクアラウド法
- 協同的設計・評価
- クリエイティビティ・メソッド
- ドキュメントベース・メソッド
- モデルベース・メソッド
- 専門家評価
- 自動評価

第 8 章

HCI の評価実験

インタフェース製品化前には，問題点，改善策，優位性などを明らかにするために，十分な評価が必要です．HCI では，人間に対する実験と，コンピュータに対する実験で評価を行います．第 1 章で説明した通り，HCI はさまざまな分野とつながっているので，評価方法も多岐にわたりますが，本章では，人間に対する評価実験のうち，比較的多く使用される方法を紹介します．ユーザがインタフェースに対して感じる使いやすさや快適さ，また集団でインタフェースを使ったときの影響などを検証します．

キーワード

- ☐ 統計分析
- ☐ SD 法
- ☐ リッカート尺度
- ☐ ビジュアルアナログスケール
- ☐ SAM
- ☐ 心電図
- ☐ 心拍数
- ☐ ガルヴァニック皮膚反応
- ☐ 脳波
- ☐ 脳磁図
- ☐ fMRI
- ☐ NIRS
- ☐ マルチエージェントシステム

8.1 HCI の評価実験の概要

　HCI の研究開発の評価のためには，人間（ユーザ）に対する実験とコンピュータに対する実験の 2 つの実験方法があります（**表 8.1**）．

表 8.1　HCI の研究開発の評価のための実験

人間（ユーザ）に対する実験	コンピュータに対する実験
・アンケート ・生体情報，動作や行動情報の収集 ・マルチエージェントシステムによるシミュレーション（※コンピュータ上で実施） ・エスノグラフィー ・インタフェースを通してコンピュータに入出力されたデータログの収集 など	・精度計測 ・アクセス数と負荷量計測 ・安定性（ロバスト性）の計測 ・計算速度の計測 など

　本章では，人（ユーザ）に対する実験のうち，特に HCI 研究で頻出する，アンケート，生体情報，マルチエージェントシステムを用いた実験や評価について，8.3 節から 8.5 節にて説明します．

　また，人（ユーザ）に対する実験での評価方法は主観評価と客観評価に分かれ（**表 8.2**），これらを組み合わせて評価します．主観評価ではユーザの感じ方の個人差を評価でき，客観評価ではユーザの感じ方の個人差に影響されずに評価ができます．

表 8.2　主観評価と客観評価

	主観評価	客観評価
説明	ユーザ自身が対象物に対して感じたことに基づく評価	ユーザ自身が対象物に対して感じたことをユーザ以外のシステムや人によって判断する評価
例	アンケートによる評価，ユーザ自身による自由行動による評価． ※商品のレビューやコメントもこれに含まれる．	心拍計や体温などの生体情報を検出する装置を用いて，ユーザが感じたことをシステムと実験者が予測し評価．たとえば心拍数が上がっている場合，興奮していると判断する．

Let's think 8.1

あなたは「ユーザを楽しくさせるヒューマンインタフェース」を提案しました．その主観評価として，アンケートによる評価を実施します．このとき，有効と思われる客観評価は何ですか？　その客観評価を選んだ理由とともに，説明してみましょう．

8.2 統計分析での注意点

　評価によって得られたデータは，そのまま結果になることもありますが，多くの場合，研究開発の目的や目標に対する仮説検証のため，統計分析によって結果が推定され，その結果が考察されます．

　そのため，HCI の研究開発をする際には，統計学の基礎知識，少なくとも統計的検定に関する知識が前提となります．本書の読者は，これらの知識があるとして，評価方法について紹介します．もし統計学の基礎知識がない場合は，大学で履修するか，書籍[※1]などで勉強すると良いでしょう．

　以下では，分析手法を左右するデータの性質について，簡単に説明します．

8.2.1 数値データの種類

　統計分析を行うには，データが数値である必要があります．量的調査によって得られた数値データはもちろんのこと，質的評価によって得られた数値以外のデータから，特定の単語の出現回数を数え上げるなどして得た数値データを用いることもあります．

　数値データの種類は，その測り方の尺度（ものさし）によって，**名義尺度**，**順序尺度**，**間隔尺度**，**比例尺度**の４種類に分けられます．名義尺度と順序尺度を質的変数，間隔尺度と比例尺度を量的変数といいます．それぞれの尺度の特徴や例を，**表 8.3** にまとめました．数値データの種類によって，用いる分析手法が異なります．

　HCI の評価ではどれが適切でしょうか．ユーザの知覚や認知をアンケートで取得する場合，どうしても名義尺度や順序尺度が中心になります．たとえば，アンケート調査を実施して，あるユーザインタフェースの"使いやすい↔使いにくい"の段階をユーザに記入してもらった場合，順序尺度となります．その場合，あるユーザインタフェースの長期的な使用回数（比例尺度）

[※1]　例を挙げます．
　　　向後千春，冨永敦子：統計学がわかる，技術評論社 (2007)．
　　　小宮あすか，布井雅人：Excel で今すぐはじめる心理統計―簡単ツール HAD で基本を身につける，講談社 (2018)．

も実験で取得し，質的変数と量的変数の2つの尺度で分析することをおすすめします．この2つの尺度で分析することによって，ユーザの感じ方の違いに影響されない客観評価と，ユーザの感じ方の違いはどの程度なのかの主観評価の両面を評価することができます．

表8.3　数値データの種類

種類		説明	可能な数学的表現				例
			区別	大小の比較	加減	乗除	
質的変数	名義尺度	データを区別し分類する	○	×	×	×	性別，血液型，電話番号 ※数値化もしくは記号化する
	順序尺度	数値に大小関係（順序）はあるものの，数値の間隔に意味はない	○	○	×	×	好みの評価，マラソンの着順
量的変数	間隔尺度	目盛が等間隔で差に意味がありつつも，0や比に意味がない数値	○	○	○	×	温度（℃，℉），偏差値，知能指数
	比例尺度	0に原点としての意味があり，間隔と比率の両方に意味がある	○	○	○	○	身長（cm），体重（kg），速度（km/h）

8.2.2　パラメトリック検定とノンパラメトリック検定

前提とする母集団の分布がある検定のことを**パラメトリック検定**といいます．一方で母集団の分布を前提としない検定のことを**ノンパラメトリック検定**といいます（**表8.4**）．

パラメトリックとノンパラメトリックの判断を間違えて検定をすると，検定結果が変わってしまうだけでなく，検定力まで低下してしまいます．特にデータのクラスタリングやモデルを作る場合は，取り扱うデータではどちらの検定が適切か，分析前に必ず確認しましょう．

表 8.4　パラメトリック検定とノンパラメトリック検定

	パラメトリック検定	ノンパラメトリック検定
代表値	平均値	中央値
尺度水準	間隔尺度，比例尺度	名義尺度，順序尺度，間隔尺度，比例尺度
母集団の分布	前提とする分布がある	問わない
標本サイズ	小さいサイズは検定できない	問わない
代表的な検定	t 検定	順位和検定，χ 二乗検定
検定力	高い	低い
普遍化	容易	困難

8.2.3　統計分析に関するチェックリスト

　上記以外にも，統計分析の検定によって仮説を検証する際は，実験計画の段階で，仮説，検定方法，検定力，効果量，サンプル数，有意水準を定めておきましょう．

　下記に，統計分析に関する注意点を挙げます．研究開発の最初から考慮するようにしましょう．

- □ 研究開発の目的を定めている
- □ 研究開発の目標を設定している
- □ 目標に従って，仮説をたてている
- □ 仮説に従って実験の収集データを構想している
- □ 収集データは，質的変数と量的変数のどちらであるか，どのような尺度であるかを確認している
- □ 収集データの検定はパラメトリック検定かノンパラメトリック検定か調査あるいは予想している
- □ 仮説と尺度によって検定を選んでいる
- □ 検定前に，検定力，効果量と有意水準を予測あるいは設定し，必要なサンプル数（データ数）を算出している

Let's think 8.2

　ビジュアルアナログスケール（VAS，p.122）は，順序尺度と間隔尺度のどちらになるでしょうか？　調査し考えてみましょう．調査と考察の結果，どちらの尺度になるか，その理由とともに説明してみましょう．

8.3 アンケートによる評価

　アンケートは，ユーザに質問を口頭，紙面や Web フォームで投げかけ，その回答から評価データを取得する主観評価の方法です．HCI では，インタフェースの目的や目標を達成しているかどうか，研究開発者が質問表を作り，ユーザにその質問に回答してもらいます．その回答を分析し，インタフェースを評価します．

　アンケート評価は，質問の内容によって質的評価，量的評価いずれにも当てはまります．アンケート評価の多くは尺度（心理尺度）という，回答のための基準を設けており，尺度が設けられている場合は量的評価に当てはまります．たとえば，ユーザに対して「5 段階で，良い悪いを回答してください」と依頼した場合，その「5 段階」が尺度になります．アンケート評価の回答で尺度を使わない場合もあります．ユーザに自由に文章や単語を記述してもらい，その文章や単語から抽出されたキーワードを因子分析します．この場合は，質的評価となります．研究開発者が想定し得ない複数の問題点や改善策を見つける場合は，ユーザに自由に記述してもらうアンケート評価法を用いると良いでしょう．

　アンケートは，定形の質問により，ユーザからの意見を簡単に得ることができます．ただし，設問や回答選択肢などの表現や言い回しにより，誤解を招いたり，結果にバイアスがかかったりすることもあり，研究目的，目標や仮説に沿った正しい結果を得るアンケートを作成するのは困難です．ユーザの感情や感覚に関するアンケートの最適な質問内容を専門とする研究分野もあります．特に社会心理学，基礎心理学，人間工学，教育心理学や教育工学などの研究分野で，どのようなアンケートの質問内容が最適であるかが議論されています．HCI の研究開発の際は，これらの分野のアンケートについても調べておくと良いでしょう．質問内容を検討して作る時間や技術が不足している場合は，質問内容を購入することもできます．

　表 8.5 に，HCI の研究開発でよく使われるアンケート評価法を紹介します．

表 8.5　HCI の研究開発でよく使われるアンケート評価法

アンケート評価法	概要
SUS（System Usability Scale）	システム工学における，ユーザビリティに関する主観的な評価を全体的に把握するための 10 項目のアンケート
QUIS（Questionnaire for User Interaction Satisfaction）	ヒューマンコンピュータインタフェースの特定の側面に対するユーザの主観的な満足度を評価するためのアンケート
SUMI (Software Usability Measurement Inventory)	ソフトウェアのユーザビリティを評価するための 50 項目のアンケート
WAMMI（Web site Analysis and MeasureMent Inventory）	Web サイトのユーザビリティを評価するための 20 項目のアンケート
WUS（Web Usability Scale）	Web ユーザビリティを評価するための 21 項目のアンケート

　下記に代表的な尺度を紹介していきます．質問内容と統計分析にあわせて最適なものを利用しましょう．

● SD 法

　SD 法（semantic differential method）は，ユーザの回答イメージに対応するように，「明るい―暗い」，「人工的な―自然な」など，対立する形容詞の対を用いてユーザに回答してもらう尺度です（**図 8.1**）．5 段階で行われることが多いです．

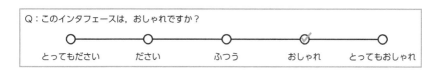

図 8.1　SD 法の例

● リッカート尺度

　リッカート尺度は，一連の記述文にどの程度同意するか，あるいは同意しないのかをユーザに回答してもらう尺度です（**図 8.2**）．5 段階または 7 段階で行われることが多いです．

SD 法やリッカート尺度では，その回答を数値化することで統計分析の実施が可能になります．

図 8.2　リッカート尺度の例

● ビジュアルアナログスケール

ビジュアルアナログスケール（**VAS**: visual analogue scale）は，SD 法と同じく，ユーザの回答イメージに対応するように，対立する状態の対を用いた尺度で回答させる方法です．ただし，尺度が，10cm の直線上の物理的な位置となります．ユーザは，対立する状態のどちらにどの程度近いかを，物理的な位置（cm）で表現します（**図 8.3**）．痛みを評価する VAS（p.58）が有名です．

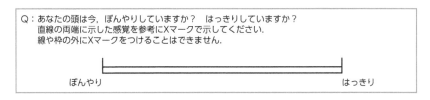

図 8.3　VAS の例

● SAM

SAM（Self-Assessment Manikin，自己評価マネキン尺度）は，SD 法やVAS と同じく，ユーザの回答イメージに対応するように，対立する状態の対を用いた尺度です．ただし，対立状態を絵によって非言語で表現します．SAM は感情価（幸せ・楽しい／不愉快），覚醒度（落ち着いている／興奮している），支配度（従属的で操られている／独立して相手を支配・コントロールしている）という 3 つの側面から，ある特定のシチュエーションにおける個人の感情的反応を主観的に測定する尺度です（**図 8.4**）．

　非言語の評価法は，言葉で表現しにくい状況を質問する場合，回答するユーザ間の言語能力に大きな差がある場合，ユーザの言語能力が発達途中である場合（ユーザが子どもである場合）などに有用です．痛みの強さの尺度であるフェイススケール（p.58）も非言語の評価法として知られています．

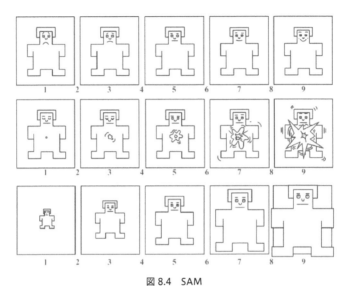

図 8.4　SAM
上から感情価，覚醒度，支配度
（Bradley, M.M. and Lang, P.J., 1994, Figure.1 を許可を得て転載）

Let's think 8.3

　特に定義が確立していない感情や言語に対する評価を行う場合は，他の複数の対立する形容詞を使ってアンケート調査を行います．「エモい」の評価を SD 法によって複数の質問内容と形容詞を使って行う場合，あなたはどのような形容詞をアンケート項目に含めますか？　5 種類挙げてみましょう．

例）「嬉しい―悲しい」

8.4 生体情報による評価

　本節では，HCI 評価に使用される代表的な生体情報について紹介します．ここで生体情報とは，生体が発する生理学的・解剖学的情報（心拍数，血圧，体温など）とします．

　生体情報は，医療，看護やリハビリの現場では，工学的な専用機器で計測されることもあれば，目視で確認されることもあります．ただし，HCI の評価に生体情報を用いる際は，（医療，看護やリハビリの専門家が付き添っている場合を除き）ほとんどの場合は工学的なセンサを用いて生体情報を計測します．

8.4.1 心電図と心拍数

　心電図や**心拍数**は，人間の興奮やストレスの評価に用いられます．心電図（図 8.5）において，心室が収縮する際の，上向きに鋭く立ち上がった波形（R波）のピークとピークの間の時間を RR 間隔といい，拍動の間隔を意味します．一方，1 分間の拍動の回数，すなわち R 波の個数を心拍数といいます．心拍数は，日内変動，加齢，運動，姿勢，精神状態などにより変動します．心拍数は人間の興奮やストレスの評価に用いられますが，被験者の体質や持病によって，興奮やストレスの有無の閾値に個人差が出てくるので，心拍数だけで評価するのではなく，他の指標も併用しましょう．

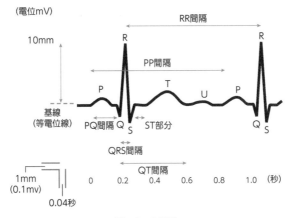

図 8.5 心電図

　RR 間隔の変動から算出する LF/HF 値は，交感神経と副交感神経[※2]のバランスの指標としてよく用いられます．RR 間隔の変動の時系列データから，副交感神経の影響を受ける高周波変動成分（HF）と，交感神経・副交感神経両方の影響を受ける低周波成分（LF）を抽出します．LF を HF で除することにより，交感神経活動を反映する指標になると考えられています．人間が興奮したり，ストレスを感じたりすると，交感神経活動が優位になり，LF/HF 値も大きくなります（**表 8.6**）．

表 8.6　LF/HF 値と安静・興奮状態の関係の目安（高田ほか，2005）

LF/HF 値	交感神経と副交感神経の状態	ストレスや興奮の状態
2.0 未満	副交感神経が優位	非常に安静
2.0 ～ 3.0	―	日常の安静
4.0 ～	副交感神経が抑制，または交感神経活動が優位	興奮状態

[※2]　交感神経と副交感神経をあわせて自律神経といいます．自律神経とは，内臓や代謝，体温といった体の機能を 24 時間体制でコントロールする神経のことです．交感神経にはストレスの多い状況や緊急事態に際して体の状態を整える働きがあり，交感神経が優位になると心拍数上昇，血圧上昇，瞳孔拡張などが起こります．一方，副交感神経には日常的な状況下でエネルギーを蓄える働きがあり，副交感神経が優位になると心拍数低下，血圧低下，瞳孔縮小などが起こります．

8.4.2　ガルヴァニック皮膚反応

　ガルヴァニック皮膚反応（**GSR:** galvanic skin response）とは，皮膚表面の電気的抵抗を計測することにより，人間のストレスや興奮を評価する方法です．私たちは，ストレス下や興奮時に，手のひら，足の裏，わきの下などから発汗します（精神性発汗といいます）．皮膚の湿気，つまり汗によって，皮膚を流れる電気の抵抗が低くなるため，ストレス下や興奮時は，皮膚の電気抵抗が低くなるとされています．

　過去に GSR は嘘発見器として重宝されましたが，汗の分泌には個人差があり，コントロール可能な人間もいるため，現在は他の生体情報の補助データとして用いられます．実験者から与えられる刺激や質問に対して，被験者が適当に答えつつ，被験者が意図的にまったく違うことを想像することによって，GSR は正しい値を示さなくなります．ロボット系やスパイ系のアニメで，登場人物が嘘発見器による嘘の発覚を逃れるシーンがよくみられますが，生体情報が GSR ではありうる話です．

　また，他の生体情報を取得できない場合にも GSR が使用されます．たとえば，HCI と関連する ACI（animal-computer interaction）の研究では，猫ユーザに対して，GSR を使用できます．猫は興奮すると，人間と同様に肉球に汗をかくことがわかっています．猫は体温調整時にも肉球に汗をかくため，それと区別するために本来であれば心電図を装着したほうが良いかもしれませんが，猫の場合は心電図の装着自体がストレス源となってしまうかもしれません．猫は前述の登場人物のようなことはしないので，室温を猫に適切な温度に調整して GSR を使用しましょう．

8.4.3　脳波

　脳波（**EEG:** electroencephalogram，脳電図ともいう）は，頭部周辺に設置した電極から導出する，時系列の電位変化データです．脳神経細胞の活動に伴って生じる電位変化を検出し，増幅させて読み取ります．

　脳波では，大脳皮質の多数の神経細胞群の電気信号（電気活動）の総和を観察します．次に紹介する脳磁図とともに，脳活動の時間的変化を検出する能力に優れています．

　脳波は,その周波数帯によって分類されており,それぞれ状態の指標になっ

ています（**表8.7**）. アルファ波（α波），ベータ波（β波）は，一般にも知られています.

表8.7 脳波の分類，周波数帯と心理的状態

名称	周波数帯	心理的状態（いまだ研究段階）
デルタ波（δ波）	0.5 ～ 3Hz	徐波睡眠（深い睡眠）
シータ波（θ波）	4 ～ 7Hz	深い瞑想状態，眠気のあるときなど
アルファ波（α波，ベルガー波）	8 ～ 13Hz	リラックス・閉眼時
ベータ波（β波）	14 ～ 30Hz	能動的で活発な思考，集中状態
ガンマ波（γ波）	30 ～ 80Hz	興奮，知覚や意識

　脳波の測定は，頭皮上に設置された電極で計測される非侵襲形式がほとんどです（**図8.6**）. 頭部の皮膚に直接，ゲルが塗布された電極を設置することも多く，その場合は頭部に不快感があります.

　開頭手術を行い頭蓋骨周囲に電極を設置する侵襲形式の測定方法もあります. 感染症のリスクが大変高いため，HCIの評価に用いられることはほとんどありません.

　ブレインマシンインタフェース(BMI, p.159)として脳波が用いられています.

図8.6 脳波測定の様子
（広島大学 脳・こころ・感性科学研究センター HP より
許可を得て転載）

8.4.4 脳磁図

　脳磁図（**MEG:** magnetoencephalography，脳磁法ともいう）は，脳の神経細胞の電気的な活動によって生じる磁場を，頭部周辺の皮膚上に設置された磁気センサで読み取る技術です. 脳の中で電流が発生すると，非常に弱い磁場が誘導されます. これを超伝導量子干渉計（SQUIDs）とよばれる高感

度のデバイスを用いて計測します．脳波に比べて高い空間分解能[※3]を有しており，mm 単位の正確度で信号源を推測することも可能です．生体を侵襲しないで計測できるので，基礎研究・臨床研究に利用されています．1970 年頃に初めて人間の脳から生じる磁場信号の検出に成功した当時は単チャンネルの装置でしたが，その後多チャンネル化が急速に進み，現在では 100 チャンネル以上のセンサを有する多チャンネル全頭型装置（**図 8.7**）が一般的になっています．なお脳磁図で計測する磁場は，前述の通り非常に弱いため，磁気的なシールドルーム内で計測する必要があります．

　人間に何らかの刺激を与えたり，人間の心理的状態が変わったりすると，脳磁図に変化が表れることがわかっています．ただし，脳磁図から具体的にどのような人間の状態変化があったのかを解析する点については研究段階です．2022 年現在は，視覚や聴覚情報の認知モデルの研究や，安静時や興奮時の脳活動部位を特定する研究に，脳磁図が使用されています．この認知モデルや脳活動部位の解明により，HCI の研究開発の評価への応用が期待されます．

図 8.7　多チャンネル全頭型脳磁計の例
（岡本秀彦：脳磁法，脳科学辞典，入手先
〈https://bsd.neuroinf.jp/wiki/ 脳磁法〉
（参照 2022-11-09）．より許可を得て転載）

※ 3　近い距離にある 2 つの物体を 2 つのものとして区別できる最小の距離のこと．この距離が小さいほど「空間分解能が高い」といい，微細な画像の観測が可能となります．なお，どれくらい短い時間で画像化が可能かを示す能力を「時間分解能」といいます．

8.4.5 fMRI

核磁気共鳴画像法（MRI: magnetic resonance imaging）とは，脳を含む生体内の情報を非侵襲的に画像化する手法です．高周波の磁気を生体に与え，体の細胞内の水素原子の震え（共鳴現象）を起こさせると，水素原子の量に応じた強度の信号（MRI 信号）が放出されます．得られた信号データを画像に構成します．MRI は病変の位置や範囲の特定に長けています．非侵襲で，CT のような放射線被曝がありません．

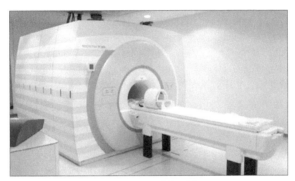

図 8.8　MRI 装置の例
（写真提供：京都大学医学研究科附属脳機能総合研究センター）

fMRI（functional MRI）は，MRI と同じ装置（**図 8.8**）を用いて，脳の構造ではなく機能（function）を画像化する方法です．生体の脳を MRI で数分〜数十分間連続撮像する間に，脳活動（神経活動とシナプス活動の総和）に相関して変化する MRI 信号変化を，非侵襲的に計測します．脳の一部で神経活動が活性化すると，その一部で酸性ヘモグロビン濃度が高くなり，MRI 信号が多く放出されます．この現象を BOLD（blood oxygenation level dependent）効果とよびます．fMRI では，BOLD 効果を計測することで，神経が活動している脳部位を検出しています．なお fMRI では，脳活動に対する BOLD 効果の時間的遅れやバラつきがあります．

MRI や fMRI も，HCI の研究開発の評価への応用と BMI への活用が進んでいます．ただし，fMRI の装置が大きいうえに，強い磁気を発生させることからほとんどの金属を近くに置けないため，臨床診断や評価実験で使用さ

れることが多く，インタフェースの評価としての利用は，他の手法より少ない傾向にあるようです．

Let's think 8.4

　HCI の研究開発時のヒューマンインタフェースの評価として，MRI と fMRI はどのように活用できるでしょうか？　新しいヒューマンインタフェースの例および，そのヒューマンインタフェースを MRI あるいは fMRI で評価する事例を考え，説明してみましょう．

8.4.6 **NIRS**

　近赤外線分光法（**NIRS:** near-infrared spectroscopy）は，近赤外線を頭部の複数箇所に当て，その反射光を複数箇所から計測することで，脳内のヘモグロビンの増減分布（脳の血流変化）を計測します（**図 8.9**）．現在は精神疾患の診断の補助情報として使用されることが多いようです．一方，NIRS は装置が簡便で測定時の姿勢などに制限が少ないことや，時間分解能が高いことから，運動中や乳幼児など fMRI 計測が難しい対象での神経機能イメージング研究に用いられています．

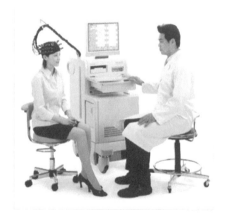

図 8.9　NIRS 測定の様子
（富士フイルムヘルスケア株式会社製品写真を許可を得て転載）

8.5 マルチエージェントシステムによる評価

　多くの人が同時期に使用するユーザインタフェースの集団への影響を確認したい場合，数千，数万人の被験者を集める大規模実験をする方法もありますが，それは現実的に難しいこともあります．その場合は，**マルチエージェントシステム**を採用してみると良いでしょう．

　マルチエージェントシステムとは，文字通り，複数のエージェントによって構成されたシステムのことを指します．ここでエージェントとは，ユーザの代理として，自律的に意思決定・行動のできるソフトウェアを意味します．マルチエージェントシステムでは，複数のエージェントの挙動や相互作用をシミュレーションします．経済学，ロボット工学，交通工学など，さまざまな分野で利用されています．

　マルチエージェントシステムによる評価は，単純に大規模実験が難しいときに採用されるだけでなく，人間で実験した場合に不可逆性や危険性があるとき（災害や感染症の発生など）にも採用されます．

　ユーザインタフェースに関する，マルチエージェントシステムによる評価事例を見てみましょう．株式会社 NTT ドコモは 2014 年，歩きスマホ（スマートフォンの画面を見つめながらの歩行）防止の啓発活動の一環として，日本でも有数の通行量を誇る「渋谷スクランブル交差点」を舞台に，約 1,500 名が歩きスマホをしながら横断した場合の検証 CG 動画を制作しました．動画制作にあたり，身長・体重・歩行速度や，通常時と歩きスマホ時の視野比較（対象物の認知距離の数値）をより現実的な条件に近づけながら，プログラムを組んでいます．この結果，15 人に 1 人が転倒し，横断に成功したのは 3 人に 1 人でした（**図 8.10**）．

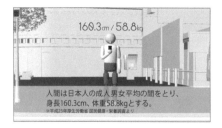 

図 8.10 「渋谷スクランブル交差点を横断する人が全員歩きスマホ」のシミュレーション結果
スマホ画面を凝視時の視野は,通常歩行時に比べて約 1/20 になる.
(株式会社 NTT ドコモ,2014 より引用)

このシミュレーションの内容で大規模実験をした場合,怪我人が出てしま
うかもしれません.このような場面では,マルチエージェントシステムによ
る評価で,ユーザインタフェースの効果を検証します.

 Let's think 8.5

社会実装するには難しく,不可逆性がある実験事例を新しく 1 つ提案し,その概
要を説明してみましょう.

第 9 章

ユーザインタフェースの設計

いよいよユーザインタフェースの設計です．HCI 研究の成果をもとに，世の中ではいろいろなユーザインタフェースが設計されています．設計の例として，ハードウェアつまり装置としてのユーザインタフェース設計や，ソフトウェアである OS，Web サイトやスマートスピーカの応答のユーザインタフェース設計が挙げられます．ここでは，その中でも頻度が高い GUI の設計時に知っておくべき，実践的な法則，効果，配慮すべき事項について説明します．設計を実践する際には，ぜひ本章の内容を参考にしてみてください．

キーワード

- ☐ 近接
- ☐ 整列
- ☐ 強弱
- ☐ 反復
- ☐ フィッツの法則
- ☐ ヒックの法則
- ☐ ミラーの法則
- ☐ 目標勾配仮説
- ☐ ヤコブの法則
- ☐ 美的ユーザビリティ効果

- ☐ 流暢性
- ☐ ピークエンドの法則
- ☐ 系列位置効果

9.1 デザインの4原則

GUIを設計するうえで，必ず確認しておくべきこととして，デザインの4原則があります[※1]．デザインの4原則は，**近接** (proximity)，**整列** (alignment)，**強弱** (contrast)，**反復** (repetition) の要素で構成されます．この4原則はGUIなどのインタフェースの設計に限らず，プレゼンや報告書など，視覚的情報を人に伝達する際にはいつも役に立つので，ぜひ覚えておきましょう．

9.1.1 近接

近接とは，関係する情報同士を近づけ，暗に情報をグループ化することです．図9.1のAとBの画面は，どちらもグループの数は同じくらいに見えます．しかし文章を読んでみると，Aで近づけられている情報同士は，関係がないことがわかります．Bのように関係する情報同士を近づけることで，ユーザの混乱を減らすことができます．

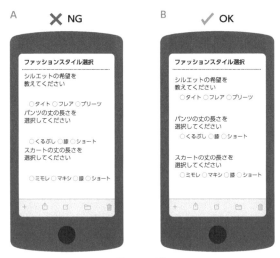

図 9.1 近接

※1 『ノンデザイナーズ・デザインブック 第4版』(2016) では，この4原則が豊富な事例とともに丁寧に解説されています．

9.1.2 整列

　整列とは，関連する情報の配置に一体感を持たせて組織化することです．図9.2A は，図9.1A と比べると，情報の構造がわかりやすくなりました．しかし配置に規則性がなく，無秩序な印象を受けます．図9.2B のように，質問文と選択肢をそれぞれ左側でそろえることで，ユーザの視線を揺るがせず，整った印象を与えます．

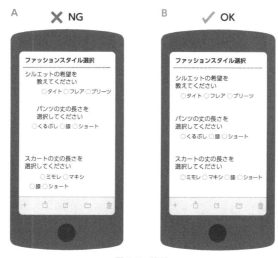

図 9.2 　整列

9.1.3 強弱

　強弱とは，重要な情報の色，配置，大きさなどを変え，他との違いを明確にすることです．ユーザの目をひくだけでなく，情報の構造がよりわかりやすくなります．図9.3A は，図9.1A，図9.2A と比べるとだいぶ見やすくなりました．さらに良くするには，図9.3B のように質問文と選択肢の見た目に差をつけると，質問がいくつあるか，すぐにわかります．

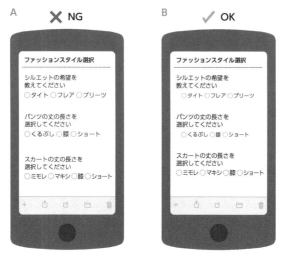

図 9.3　強弱

9.1.4　反復

反復とは，視覚的な要素（色，形，位置関係，線の太さ，フォント，サイズなど）を全体で繰り返すことで一体感を強化し，混乱を減らすことです．図 9.4A は，関連する情報同士が近接され整列されているものの，横線の位置に一貫性がないため混乱を生んでいます．B のように，横線の位置を「質問文と選択肢の間」で反復させることで，情報の構造がわかりやすくなります．

図 9.4　反復

9.2 操作に関する配慮： フィッツの法則

9.2.1 フィッツの法則とは

　マウス，タッチペンやタッチディスプレイの指操作などによるポインティング動作における法則である，**フィッツの法則**を紹介します．フィッツの法則により，ユーザに求めるポインティング動作の速さに対して，オブジェクトの配置が最適かどうか，評価することができます．

　フィッツの法則によると，始点位置から目標オブジェクトまでの距離を D，目標オブジェクトの大きさを W とすると，ユーザが始点から目標までポインタを動かすのにかかる時間 Mt は，

$$Mt = a + b \times \log_2(1 + D/W)$$

と表すことができます（**図 9.5**）．ここで a と b は，ユーザの個人差やポインティングデバイスの違いによる定数で，いずれも実験によって最適化された値を用います．定数 a はポインタ移動の開始から停止までの時間，定数 b はポインタの速度に関係する値です．

図 9.5　フィッツの法則

　フィッツの法則は，ポインティングするオブジェクトへの距離 D が大きいほど，また目標の大きさ W が小さいほど，目標をとらえることが困難となり，ポインティング動作にかかる時間が増大することを表しています．

　たとえば，ユーザに素早いポインティング動作を求める場合は，ポインティ

ングするオブジェクトのサイズを大きく，他のオブジェクトとの距離を小さくすると良いです．逆に，ゆっくりとしたポインティング動作でも良い場合は，ポインティングするオブジェクトのサイズを小さく，他のオブジェクトとの距離を大きくしても良いとなります．後者の場合は，オブジェクトを大量に配置したり，美的表現に合わせてオブジェクトを離して配置したりすることが可能になります．

9.2.2　フィッツの法則の利用事例

　フィッツの法則を利用したユーザインタフェースのプロジェクトを紹介します．このユーザインタフェースでは，男性用小便器での尿の飛び散りを楽しく防止するため，小便器内の，「ここに当てれば尿が飛び散りにくい」場所にパネルが設置され，そのパネルに8個（ドレミファソラシド＝CDEFGABC）のボタンが配置されています（図9.6）．ボタンに尿を当てると，特定の音階の音が流れます．つまり，飛び散りにくい場所（パネル）を意識し，いい感じに尿をパネル上のボタンに当てると，尿をしながら音楽を奏でられるのです．

　ボタン中心間の距離やボタンの大きさが最適であるかどうか，そもそも排尿はポインティング操作にあたるのかどうか，を検証するために，ボタン中心間の距離またはボタンの大きさを変えながら，尿がボタンからボタンに移動するまでの時間 Mt を測定しました．

　図9.7Aは，ボタン中心間の距離 D と，尿がボタンからボタンに移動するまでの時間 Mt の関係を表します．距離 D が大きくなるほど，時間 Mt が大きくなっていることがわかります．図9.7Bは，ボタンの大きさ W と，時間 Mt の関係を表します．大きさ W が大きくなるほど，時間 Mt が小さくなっていることがわかります．さらに，複数の実験データを統合し，フィッツの法則との相関係数が0.97であることがわかりました（図9.7C）．これらの結果から，定数 a と b が算出され，さらには演奏に最適な Mt において，ボタンの大きさは50mm，ボタン中心間の距離は60mmが最適であることが算出されています．

　新しいユーザインタフェースを設計する際は，フィッツの法則を使ってユーザのポインティング操作にも配慮しておくと良いですね．

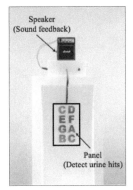

図 9.6　男性用小便器で演奏するためのユーザインタフェース
（Matsui, K. et al., 2013）

A　距離 D と時間 Mt の関係

B　大きさ W と時間 Mt の関係

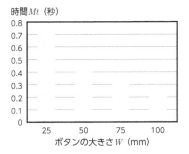

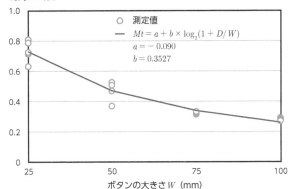

図 9.7　図 9.6 のインタフェースをフィッツの法則で評価した結果
（Matsui, K. et al., 2013）

9.3 情報量への配慮

9.3.1 ヒックの法則

ヒックの法則（ヒック・ハイマンの法則）とは，ユーザの意思決定にかかる時間は，選択肢の数の対数に比例することを数式で示した法則です（図9.8）.

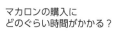

$n = 4$
Reaction Timeは短くなる

$n = 9$
Reaction Timeは長くなる

図 9.8　ヒックの法則

ヒックの法則によると，選択される可能性がどれも同じ選択肢の数を n とすると，ユーザが意思決定してインタフェースに選択結果を入力するまでの時間 RT（Reaction Time）は，

$$RT = a + b \cdot \log_2(n)$$

と表すことができます．ここで a と b は実験で求められる定数で，a は意思決定を除く所要時間，b は意思決定にかかる時間を表します.

ユーザの日常行動から，ユーザインタフェース操作にかけられる時間 RT を想定し，ユーザテストから定数 a や b を算出しましょう．それらの数値から，ヒックの法則を用いて選択肢の数 n の最大値を決定することで，ユーザにストレスを与えないユーザインタフェースを目指せます．

9.3.2　ミラーの法則

心理学者ミラー（Miller, G.A.）は，人間が短期記憶[※2]に保持できる情報の数は限定的であることを示しました．さらに，保持できる情報を**チャンク**（chunk）とよばれる意味の塊にまとめることで，さらに保持できる情報を増やせるとしました．ミラーは保持できるチャンクの数をマジックナンバーとよび，マジックナンバーは 7±2（7 を中心としてプラスマイナス 2，つまり 5 ～ 9）としました（**ミラーの法則**）．その後，心理学者コーワン（Cowan, N.）によってマジックナンバーは 4±1 とも発表されています．

たとえば，電話番号や郵便番号のハイフンはチャンクを活用しているといえます．次の A と B はどちらが覚えやすいですか？

　A：03-3235-3701
　B：0332353701

ユーザに短期的に情報を記憶してもらう場合は，ミラーの法則に従い，むやみに情報量を増やさず，チャンクを活用しましょう．

9.3.3　目標勾配仮説

学習心理学者のハル（Hull, C.L.）は，迷路にいるラットが，ゴールが近くなるほど速く走る様子から，目標に近づくほど遂行モチベーションが向上する，という**目標勾配仮説**を提唱しました．

目標勾配仮説を利用すると，ユーザの長時間の作業時のモチベーション維持を期待できます．ただし，あと少しで作業が終わるところでも，ユーザにとって目標の位置が不明瞭だと，ユーザは作業を中断あるいは中止してしま

※2　数十秒単位の短時間保持される記憶

うおそれがあります．あとどのぐらいで作業が完了するのかを，ユーザイン
タフェース上に提示してあげると良いでしょう．

9.4 ユーザが望むもの

9.4.1 ヤコブの法則

　ヤコブの法則とは，ユーザは初めての体験に対して，既存の体験と類似する体験を望むという法則です．2000 年にユーザビリティの専門家であるヤコブ・ニールセン（Nielsen, J.）によって発表されました．

　ヤコブの法則では，コンテンツデザイン[※3] は，ユーザの経験として蓄積されるという大前提があります．ユーザは，蓄積された経験によって，インタフェースのメンタルモデル，つまり，ユーザモデルを構築します．蓄積された経験と類似するデザインモデルを構築してインタフェースを開発すると，ユーザモデルとデザインモデルが合致し，ユーザには期待通りの満足いく結果と体験が提供されます．しかし，蓄積された経験と異なるデザインモデルを構築してインタフェースを開発すると，ユーザモデルとデザインモデルの乖離が起き，ユーザには期待外れの不満の残る結果と体験が提供されます．

　たとえば，コンテンツが動画の場合，TikTok や YouTube のショート動画の制作（編集）時のインタフェースは，とても類似しています．また，動画を管理するインタフェースも，いずれもパネル（サムネイル）形式になっており，類似しています．TikTok のユーザは，TikTok で，ショート動画の制作と管理に関係する，蓄積された経験によって，ユーザモデルを構築しています．類似するデザインモデルで開発されたインタフェースを持った YouTube のショート動画の制作と管理において，TikTok のユーザは期待通りの満足いく結果と経験が得られるでしょう．

9.4.2 美的ユーザビリティ効果と流暢性

　美的ユーザビリティ効果（aesthetic-usability effect）は，インタフェースが美しければ，ユーザが勝手に「使いやすい」あるいは「きちんと機能する」

※3　コンテンツの制作とそのインタフェース，およびコンテンツの管理方法とそのインタフェース

と判断してしまうことをいいます．

　一方で，対象の情報処理の**流暢性**（スムーズかつ容易に情報処理できるか どうか）が高いほど，その対象は美しいと評価されやすくなるとされていま す．流暢性を高める要因として，対称性，コントラスト，形の良さ，典型性， 繰り返し接触していることなどが挙げられています．

　新しいインタフェースを研究，開発そして発表する前には，ユーザテスト によって，外見の美しさと，ユーザが流暢にプロセスを進められるかを十分 に評価しましょう．そしてテストユーザからのフィードバックを踏まえ，改 良を加えることを忘れないようにしましょう．

9.5 ユーザの記憶に残るもの

前節では，ユーザインタフェースに対して，ユーザがどのように感じて使用するかを学んできました．ここでは，「ユーザインタフェースを使用し終わったあと，ユーザの記憶に何が残るか」を学んでいきましょう．

9.5.1 ピークエンドの法則

ピークエンドの法則（peak-end rule）とは，体験者（ユーザ）は，ある体験を総評するとき，ピークと最後（エンド）の印象によって判断する，という法則です（**図 9.9**）．

1996 年にレデルマイヤー（Redelmeier, D.A.）とカーネマン（Kahneman, D.）によって発表された論文に，この法則の元となる実験が示されています．実験では，大腸内視鏡検査と結石破砕術の 2 つの痛みや不快感が強い体験に対して，リアルタイムで感じた痛みと，感じた痛みの総評を収集しました．結果，感じた痛みの総評は，リアルタイムで感じた痛みのピーク強度と，体験最後の 3 分間の痛みの強度に対して，強い相関があることがわかりました．体験時間にはかなりのばらつきがありましたが，長時間の体験は特に嫌悪的なものとして記憶されてはいませんでした．

他のさまざまな体験の実験からも，体験のピーク時の印象（良い印象と悪い印象いずれも）と，最後の印象がいかにユーザにとって重要であるかが示されています．

ユーザインタフェースを研究開発する際には，ピークと最後がユーザ体験（UX）上のどこにあたるのか，そしてその体験が意図した情報としてユーザに記憶されるのかどうかを考慮しておきましょう．

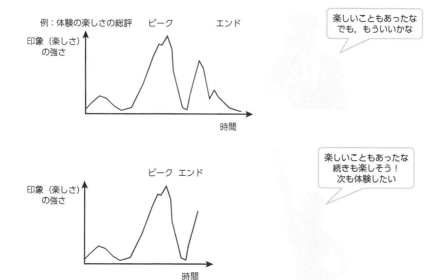

図 9.9　ピークエンドの法則

9.5.2　系列位置効果

　系列位置効果 (serial position effect) とは，情報提示の位置（順番）によって，記憶の想起に差が出ることをいいます．情報提示の最初の部分が長期的に記憶に残りやすいことを，**初頭効果**（プライマシー効果）といいます．また，情報提示の最後あるいは最新の部分が印象に残りやすいことを，**新近性効果**（リーセンシー効果）といいます．

　言い換えると，情報提示の最初と最後は覚えていても，中盤の部分は忘れやすいともいえます．チュートリアルをユーザに提示するときは，絶対に忘れてはならない重要事項は，最初や最後に持ってきたほうが良いでしょう．

9.6　UIとUX開発時のチェックリスト

　本章では，ユーザインタフェース設計時に知っておくべき実践的な法則，効果，配慮すべき事項について説明してきました．開発頻度の高いGUIを意識しましたが，どのようなインタフェースの設計においても，役に立つでしょう．

　本章のまとめとして，ユーザインタフェース（UI）とユーザ体験（UX）を開発する際のチェックリストを用意しました．本章で説明しきれなかった項目もありますが，基本的には，これまで説明してきたことの応用です．UIとUXを開発する際には，下記の項目が満たされているか確認し，満たされていない項目は改善しましょう．すべてに自信を持ってチェックをつけられたら，そのUIとUXは，とてもユーザビリティの高いものになっているでしょう．

☐ 関係する情報同士を近づけ，情報をグループ化している（近接：p.134）

☐ 関連する情報の配置に一体感を持たせて組織化している（整列：p.135）

　　☐ それぞれの項目の配置にルーラを使っている

☐ 重要な情報の色，配置，大きさなどを変え，他との違いを明確にしている（強弱：p.135）

☐ 視覚的な要素を繰り返すことで一体感を強化している（反復：p.136）

　　☐ 使用する色を統一している

　　☐ フォントサイズの種類は，最小数にとどめている

☐ フォントサイズはユーザが読めるサイズになっている

☐ ボタンやバーなどの操作対象は，最適な大きさと距離になっている（フィッツの法則：p.137）

☐ 操作にかけられる時間に対して，提示する情報量は最適である（ヒックの法則：p.140）

☐ 短期的にユーザに情報を記憶してもらう場合は，情報量を増やさずにチャンクを活用している（ミラーの法則：p.141）

- ☐ 操作終了までのユーザの位置やゴールを明示している（目標勾配仮説：p.141）

- ☐ 類似するコンテンツやサービスがある場合，その UI との類似性を意識している（ヤコブの法則：p.143）

- ☐ UI の外形が美しい（美的ユーザビリティ効果：p.143）

- ☐ ユーザが流暢にプロセスを進められる（流暢性：p.144）

- ☐ ユーザに残したい印象は，ユーザの感情がピークになる部分と最後に配置されている（ピークエンドの法則：p.145）

- ☐ ユーザに覚えていてほしい情報は，最初か最後に配置されている（系列位置効果：p.146）

- ☐ ユーザが，どこかのシーンから戻れないという状況がない（エラーに備えたデザイン：第 6 章 p.92）

Let's think 9.1

　あなたが普段使用しているショッピングサイトあるいはショッピングアプリの GUI は，「UI と UX 開発時のチェックリスト」のうち，何個チェックを達成しているでしょうか？　また，チェックを達成していない項目がある場合，どのように GUI を修正したら良いか，議論してみましょう．

第 10 章

発展する HCI

HCI では，コンピュータから人間へ，人間からコンピュータへ，どの情報を，どの量で，どのように伝達するかが問われ続けており，その問答はこれからも続くでしょう．一方で，「どの情報を，どの量で，どのように伝達するか」というのは変化しています．最終章である本章では，2022 年現在普及しはじめている，あるいは将来的に普及が見込まれるインタフェースや関連する技術について，現実感や，ユーザへ提供される情報や体験の拡張・変容といった観点から，説明していきます．

まずは，日本で 2016 年に VR 元年といわれ，2021 年にはメタヴァースとして飛躍している，xR の定義と事例からみていきましょう．

キーワード

- ☐ xR
- ☐ VR
- ☐ MR
- ☐ AR
- ☐ サイバー空間
- ☐ ミラーワールド
- ☐ デジタルツイン
- ☐ メタヴァース
- ☐ 人間拡張
- ☐ ボディシェアリング

- ☐ ブレインマシンインタフェース（BMI）
- ☐ タンジブルユーザインタフェース

10.1 xR の定義と事例

　xR とは，コンピュータを通じてユーザの感覚を刺激あるいは取得して，新しい現実感をユーザに提供する技術や手法の総称です．xR の "R" は「現実感（reality）」を意味しています．視聴覚をはじめとする複数の感覚をユーザに与えることで，よりリアリティのある現実感の提供を目指しています．

　xR は，"x" の部分に，"V""M""A""S" などの文字が入る VR，MR，AR，SR などに細分化されます．xR の代表例として **VR，MR，AR** の定義は覚えておきましょう（**図 10.1**）．事例とあわせて紹介します．

xR＝コンピュータを通じてユーザの感覚を刺激あるいは取得して，新しい現実感を
　　提供する技術や手法の総称

VR（virtual reality）
「オリジナルではないが機能としての本質は同じであること」
＝Virtual を理工学的に作り出す技術や手法

MR（mixed reality，複合現実）
実世界とバーチャルを複合させ，新しい現実感をユーザに提供する技術や手法

AR（augmented reality，拡張現実）
実世界を拡張した新しい現実感をユーザに提供する技術や手法

図 10.1　VR，MR，AR の定義

10.1.1 VR

　VR（virtual reality，ヴァーチャルリアリティ）とは，ユーザの複数の感覚を刺激あるいは取得することにより，「オリジナルではないが機能としての本質は同じであること」＝virtual を，理工学的に作り出す技術や手法をいいます．virtual reality の日本語訳として「仮想現実」と記されることがありますが，「仮想」は「実際にはそうでないことを想定すること」であるため，正確な日本語訳ではありません．VR を日本語で記載する場合は，「ヴァーチャルリアリティ（バーチャルリアリティ）」としましょう．

VR では主に，視界全面を覆うヘッドマウントディスプレイ（HMD）を用います．VR はゲームやエンタテインメント，スポーツの分野の他，水没車両や津波といった再現の難しいイベントの体験や，遠方への旅行など実現が難しい事象の体験などに活用されています．

10.1.2　MR

MR（mixed reality，複合現実）とは，コンピュータから生成された映像や音声などのヴァーチャルな情報を，実世界の情報に融合させた状態で，ユーザに提示すること，あるいは，コンピュータから生成された情報によって実世界の情報を遮蔽してユーザに提示する技術や手法をいいます．実世界とヴァーチャルを複合させ，新しい現実感をユーザに提供することを目的としています．MR は，VR の一部としてとらえられるといえます．

MR では主にメガネ(グラス)，HMD を用います．MR は複数名でコンピュータの情報を同時に共有でき，建設現場の説明や手術のトレーニングなど，説明・協力作業などに活用されています．MR の代表的なインタフェースはマイクロソフトの HMD「HoloLens 2」（**図 10.2**）で，実世界の上に仮想の映像を重ね合わせます．

図 10.2　HoloLens 2
（写真提供：日本マイクロソフト株式会社）

10.1.3 **AR**

AR（augmented reality, 拡張現実）とは，ユーザの実世界の知覚に，ヴァーチャルの知覚刺激を加え，拡張された情報を入出力する技術や手法をいいます．ARは，実世界を拡張した新しい現実感をユーザに提供することを目的としています．AR も，VR の一部としてとらえられるといえます．

AR では，主にスマートフォンやタブレット端末が用いられ，現実の映像の手前にコンピュータ画像を表示します．インテリアや，建築予定の建造物の完成後の景観をシミュレーションすることが可能です．ポケモン GO も AR の 1 つです．

10.2　新しいユーザインタフェースでアクセスする世界

次に，新しいユーザインタフェースでアクセスするヴァーチャルの世界の定義も一緒に学んでおきましょう．

10.2.1　Society 5.0 のサイバー空間

Society 5.0 とは，内閣府が第 5 期科学技術基本計画(2016 年)で提唱した，日本が目指す社会像です．「サイバー空間（仮想空間）とフィジカル空間（現実空間）を高度に融合させたシステムにより、経済発展と社会的課題の解決を両立する、人間中心の社会」とされています．

Society 5.0 で示されるサイバー空間は，実際にはヴァーチャル空間やヴァーチャルな世界だけでなく，クラウド上のデータから AI などの技術要素も含んでいるようです（**図 10.3**）．空間や世界を含めたコンピュータで管理あるいは処理される情報すべて，ととらえたほうが良いかもしれません．

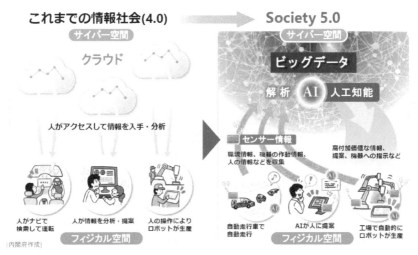

図 10.3　Society 5.0 のしくみ
（内閣府 HP より引用）

10.2.2　ミラーワールド

ミラーワールド (mirror world) とは，実世界をスキャンし，デジタル世界として描画された世界です．イェール大学のコンピュータ科学者ゲランター (Gelernter, D.) が 1991 年に提唱しました．Google ストリートビューがミラーワールドの代表例です．

10.2.3　デジタルツイン

デジタルツイン (digital twin) の定義は 2010 年ごろからさまざまな人や機関によってなされていますが，2022 年時点で，明確な定義は定まっていません．おおまかにいえば，物理的な実世界からデータを収集し，デジタルで構築された世界にコピーし，双子のような世界を構築する技術です．

デジタルで構築された世界の中で複数条件のシミュレーションを実施し，実世界と比較することで，新たな知見を得ることが多いようです．

10.2.4　メタヴァース

メタヴァース (metaverse，メタバース) は，実世界を主にデジタル技術によって超越した世界です．"metaverse" は，"meta (超)" と，"universe (宇宙や天地万有)" を組み合わせた造語です．もともとは，スティーヴンスン (Stephenson, N.) が 1992 年に発表した SF 小説 *Snow Crash*（日本語訳は『スノウ・クラッシュ』，1998 年刊行）上のサービスの名称でした．

ミラーワールドやデジタルツインで構築される世界は，実世界を理想とするコピーであることがほとんどですが，メタヴァースは，実世界を超越することを前提としています．

10.3 人間拡張とボディシェアリング

HCI の研究と開発によって，デジタルツインやメタヴァースのような世界へのアクセスが可能となり，ユーザへ提供される情報と体験は拡張されつつあります．次はユーザ側の拡張に注目してみましょう．

● 人間拡張

人間の機能や能力を拡張する技術や手法を，**人間拡張**（augmented human, human augmentation）といいます．下記に人間拡張の技術の例を挙げます．

- ロボットハンドを 3 本目の腕として装着し，複数の物理作業を同時に実施する技術
- 発話している自然言語を，他の自然言語に変換しリアルタイムで合成音声を発する技術
- 特殊な義足やシューズを使うことで，通常の人間より速く走れるようになる技術
- 特殊な蝶ネクタイを通して話すと，小声でも適切な音量に調整し狙った声質に変換できる技術
- 特殊なメガネで，遠隔地にいる犯人の状況や音声を把握できる技術

● ボディシェアリング

身体の情報を他の身体と相互共有し，体験共有する技術や手法を，**ボディシェアリング**（BodySharing）といいます．

下記にボディシェアリングの技術の例を挙げます．特に固有感覚（2.3.2 節）を共有する基礎技術が用いられています．

- 遠隔地のカヤックロボットを操作して，水面の重さや揺れを体験する技術
- メタヴァースで複数人で仕事をして緊張や疲労の体験を共有する技術
- ゴルフスウィングの力加減をプロと素人で共有する技術

　ボディシェアリングは人間拡張の１つともいえますが，体験共有に特化している技術です.

　また，遠隔地のロボットを操作することで，遠隔地に存在感を提示する技術や手法を，**テレイグジスタンス**といいます.その他，テレプレゼンス，テレプレゼンスロボット，アバターを含め，関連技術について**図 10.4** と**図 10.5** を参照し，それらの違いについて確認しましょう.

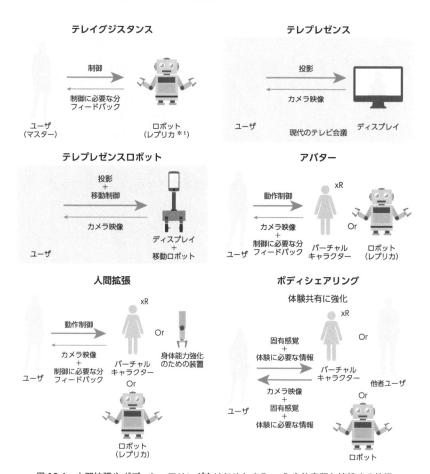

図 10.4　人間拡張やボディシェアリングをはじめとする，xR や他空間と接続する技術

※1　テレイグジスタンスでは，過去に「マスター／スレイブ（ロボット）」という表現が使われることもありましたが，本書では「スレイブ」という表現は採用しません.本書ではロボット側を「レプリカ」と表現します.

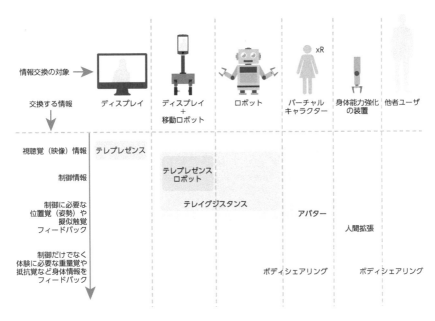

図 10.5　図 10.4 の技術で伝達される感覚情報

　最近の HCI の研究開発成果から提供されるユーザインタフェースで，遠隔地にあるロボットやヴァーチャルキャラクターを操作し，人間拡張することも楽しいでしょう．また，アスリートや冒険家しかできない体験を，遠隔地から共有してもらうボディシェアリングも良いでしょう．ただし，これらはヒューマノイドタイプのロボットやキャラクターあるいは人間の身体を対象とした人間拡張やボディシェアリングです．

　次は，人間以外とつながることも考えてみましょう．MilkingVR は，ゆる Unity 電子工作部が提供する，乳しぼられ体験 VR コンテンツです（図 10.6）．つまり，ヴァーチャル乳牛とつながる体験ができます．MilkingVR では，ヴァーチャル乳牛が体験する視聴覚映像とともに，下腹部に電気刺激を与えます．これらの刺激により，ユーザ自身が乳牛になり，搾乳されているように錯覚させます．従来のシステムでは表現できなかった，人間以外の体験を提供しています．

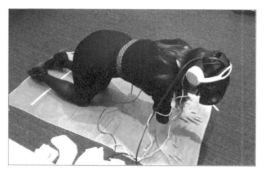

図 10.6　MilkingVR を体験する筆者の様子

 Let's think 10.1

　人間拡張やボディシェアリングで，人間の身体以外とつながる例を挙げてみましょう．また，そのときにコンピュータに入出力したほうが良い感覚情報は何でしょうか？複数の感覚情報を挙げて，内容について議論してみましょう．

10.4 ブレインマシンインタフェース

　HCI の研究開発では，体の外部，感覚器系や末梢神経系周辺とコンピュータをつなぐインタフェースが構築されています．ただし例外的に，**ブレインマシンインタフェース**（**BMI**: brain-machine interface）は，名前の通り脳，つまり中枢神経系をコンピュータとつなぐインタフェースです．

　BMI は，脳の神経細胞に情報を伝達するため，人間が本来持っている外界との間のインタフェース（感覚器系）を介さずに，コンピュータとインタラクションする特徴を持っています．BMI は，体の外側にデバイスを設置する非侵襲式と，体の内部にデバイスを埋め込む侵襲式に分けられます．さらに脳の神経細胞から，脳の神経活動を示す信号を検出し，コンピュータの制御に利用する「（コンピュータへの）インプット」と，本来は人間の感覚器が取り込む刺激を，直接脳に入れて利用する「（コンピュータからの）アウトプット」に分けて，非侵襲式と侵襲式の手法や活用事例を説明していきます．

10.4.1 BMI のインプット（非侵襲式）

　非侵襲式のインプットの手法として代表的なものに，8.4 節で説明した脳波，脳磁図，fMRI，NIRS があります．侵襲式に比べて安全性が高く，人間を使って多くの研究がなされています．

10.4.2 BMI のインプット（侵襲式）

　図 10.7 に，頭皮から脳の構造を示します．非侵襲式のインプットで用いる脳波，脳磁図，fMRI，NIRS はいずれも，皮膚上で行われます．一方，侵襲式では，皮膚下あるいは頭蓋骨下，さらに場合によっては硬膜下に，手術によってインタフェースのデバイス（ほとんどの場合は電極）を埋め込みます．精度と分解能の高い電気信号（電気活動）を計測できますが，手術後の感染症や脳細胞の傷など，不可逆になりえるリスクを伴った手法です．

皮膚
頭蓋骨
硬膜
くも膜・軟膜
脳

図 10.7　頭皮から脳の構造

10.4.3　BMI のアウトプット（非侵襲式）

非侵襲での生体の中枢神経系への刺激は，感覚の知覚情報をアウトプットする場合だけでなく，認知や記憶をはじめとする高次機能へ情報をアウトプットする場合に多く用いられるものです．人間の中枢神経系へ刺激を与える場合，脳だけでなく脊髄も刺激の対象部位となります．代表的な手法として**経頭蓋電気刺激**と**経頭蓋磁気刺激**が挙げられます．いずれも HCI 研究だけでなく，神経科学，脳科学，基礎心理学や生理心理学の分野にて，盛んに研究がなされています．現在は，リハビリテーションや心療内科治療などに応用されています．

10.4.3.1　経頭蓋電気刺激

経頭蓋電気刺激とは，頭皮の上に設置した電極を経由して，脳と脳周囲に電気刺激を与えることで，知覚，認知，あるいは高次機能に関する情報を伝達する手法です（**図 10.8**）．

図 10.8　経頭蓋電気刺激「neuroConn DC-STIMULATOR PLUS」
（写真提供：neurocare group AG）

10.4.3.2　経頭蓋磁気刺激

　経頭蓋磁気刺激（**TMS**: transcranial magnetic stimulation）とは，磁場を発生するコイルを頭部周囲に設置し，脳の外側から大脳を局所的に刺激する手法です（**図 10.9**）．特に連続刺激の場合は反復経頭蓋磁気刺激（rTMS: repetitive TMS）とよばれます．

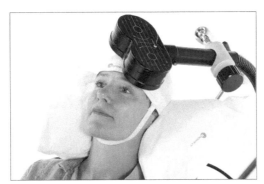

図 10.9　経頭蓋磁気刺激「マグプロ」
（写真提供：インターリハ株式会社）

10.4.4　BMI のアウトプット（侵襲式）

　侵襲式のアウトプットは，インプットと同様に，皮膚下あるいは頭蓋骨下，さらに場合によっては硬膜下に手術によってインタフェースのデバイス（ほ

とんどの場合は電極）を埋め込み，その電極を通じて神経細胞に電気刺激を
与える手法です．分解能の高い電気信号（電気活動）を伝達できますが，手
術後の感染症や脳細胞の傷など，不可逆になりえるリスクを伴った手法です．

10.4.5　BMI の事例

10.4.5.1　BMI のインプットのみを活用した事例

　2009 年には脳波のデータをリアルタイムで解析し，ユーザの 3 種類の意
思（前，右，左）を抽出して，ユーザの意思で車椅子の前進および左右回旋
の 3 方向を制御する BMI が提案されています．この BMI は，医療や介護で
の活用だけでなく，さらに分解能を上げた分析によって，運動以外の意図・
状態を反映する脳波への応用の可能性も期待されます．

10.4.5.2　BMI のアウトプットのみを活用した事例

　盲目のユーザの頭部に侵襲式の電極デバイスを埋め込み，カメラ画像デー
タの情報を電極デバイスを通じてユーザの神経系に伝達する BMI は，広く
知られています．社会的な需要も高く，1968 年には研究成果が発表されて
います．

10.4.5.3　BMI のインプットとアウトプット両方を活用した事例

　ヒューマンインタフェースとしての研究報告では，1 人の被験者の脳波か
ら得られた手指の位置覚や運動覚の情報を，もう 1 人の被験者に，TMS によっ
て伝達しています．つまり，1 人の被験者が指を動かすと，もう 1 人の被験
者の指が刺激により動作するシステムの構築が報告されています．今後の応
用研究や事業化に期待したい研究報告です．

10.5 タンジブルユーザインタフェース

タンジブルユーザインタフェース (tangible user interface) とは，形がなく触れない情報を，形がありユーザが触れる状態（**タンジブル・ビット**）にして取り扱えるようにするインタフェースとして知られています．

タンジブルユーザインタフェースを提唱するマサチューセッツ工科大学 (MIT) の石井裕氏は，タンジブル・ビットおよびタンジブルユーザインタフェースについて，下記のように語っています．

> タンジブル・ビットは、GUI と異なる新しいユーザー・インターフェースをデザインするためのパラダイムである。GUI のように物理世界を「メタファー」としてグラフィカルにシミュレートするのではなく、物理世界そのものをインタフェースに変えることが、その究極の目的だ。
> タンジブル・ビットの基本的なアイデアは、情報に物理的表現を与え、ユーザーが身体を使って情報を直接操作可能にすることにある。物理的実体を与えた情報に直接触れて、感知・操作できるようにするという目的から、これを「Tangible User Interface（TUI、タンジブル・ユーザー・インターフェース）」と呼ぶ。「tangible」とは、「触れて感知できる実体がある」という意味だ。(石井 裕，2005)

タンジブルユーザインタフェースでは，ユーザは情報を物体として取り扱うことができるため，普段慣れ親しんだ物理法則に従って情報を知覚することができます．タンジブルユーザインタフェースの例を見ていきましょう．

"Illuminating Clay & SandScape"（**図 10.10**）では，粘土あるいは砂の物理的な形状を，コンピュータに入力します．コンピュータに入力された粘土や砂の形状は，3 次元データとして任意の方法で処理されます．たとえば，地形データとして粘土や砂の形状を変化させた場合，コンピュータ上でその高低を計算します．あるいは高低情報から，どの位置に水が流れ，川が形成されるのかを計算することもできます．

　このようなコンピュータ上の処理の結果を，粘土あるいは砂の上に視覚的に投影します．ユーザが，粘土や砂を，コンピュータに情報を入出力するためのメタファーつまりタンジブル・ビットとして取り扱うことによって，この情報入出力の形式すべてがタンジブルユーザインタフェースとして成り立っています．

図 10.10　Illuminating Clay & SandScape
（写真提供：Tangible Media Group / MIT Media Lab）

　"Physical Telepresence"（図 10.11）は，コンピュータに入力された 3 次元の情報を，物理的な形状情報として出力する手法として提案されました．今まで，3 次元の物理的な形状は，コンピュータに情報として入力することはできましたが，コンピュータからユーザに出力することができませんでした．細い棒状のインタフェースを 2 次元平面状に設置し，その棒状のインタフェースの高さを機械的に制御することで，コンピュータから 3 次元の情報を 3 次元の物理的な形状に出力することができるようになり，ユーザは物理法則に従って情報を知覚します．

図 10.11　Physical Telepresence
（写真提供：Tangible Media Group / MIT Media Lab）

Let's think 10.2

　スマートフォンのアプリケーションの中で，タンジブルユーザインタフェースになったほうが利便性が高まる可能性があるものを 3 つ，その理由とともに挙げてみましょう．

例 1)
《アプリケーション》登山用の地図アプリ
《理由》高低差が触感で詳細に理解できるようになるため．

例 2)
《アプリケーション》マッサージレッスンアプリ
《理由》マッサージの圧力や細かな動きを触感で理解できるようになるため．

おわりに

　本書では，HCIの全体像をつかむために最低限必要と思われる内容を網羅しました．興味をもった分野はありますでしょうか？　もしあれば，HCI分野に限らず，さまざまな分野の成書や論文を調査し，より知識を深めてください．

　読者の皆さんは勉強や仕事で忙しく，本書を読むので一杯一杯かもしれません．しかし読んで終わりとするのではなく，本書の随所に散りばめた「Let's think」を実施することで，より自分の頭で考え体験し，智慧を得る状態に近くなります．本書の知識をより強固に，自身の能力としてください．

　さらに，研究や開発に携わる方は，本書の知識やHCIの智慧を活かし，書籍では得られない自身の体験を重ねていってください．HCI研究開発者がインタフェースを作り出していくことで，よりコンピュータと人間の共助が進むでしょう．次世代のHCI研究開発者が，人間が本来もつ目，耳や手足のインタフェースを超越し，サイバーとフィジカル，デジタルとアトムが接続した多様な体験を生み出すことで，人類の進化と新人類の発生を促進してくだされば思います．新人類の発生は，1つの世代だけに任せるのは荷が重すぎるので，次の世代にバトンを渡していっていただければと思います．まずは本書を読んでくださった皆さんのご活躍に期待いたします．

　今後もHCIは，インターネットやPC，スマートフォンが出てきたときのように，いろいろな分野に影響を与えていくでしょう．HCIの知識や発表動向に注目し理解して，ご自身の分野に活用していただければ幸いです．

2022年12月 玉城絵美

謝辞

　本書執筆にあたって，担当編集の池上 寛子様には，2017 年の企画から調査だけでなく，2021 年から 2022 年は毎週の執筆までお付き合いいただきました．ほぼ部活動と化した執筆と編集のなか，各所の単語の定義まで細かく調査してくださったことは，編集者として大変稀有な誠意だと感じております．この場をおかりして心よりお礼申し上げます．

　本書をご推薦いただきました石井 裕先生には，本書執筆以前の学会にてディスカッションのご交流をいただきました．本書の HCI の説明内容にもその影響が多く反映されております．石井先生の哲学とその精神に敬意をはらうとともに，ご推薦について感謝申し上げます．

　まだ私が HCI という学問に触れ始めの博士課程のころに HCI の基礎を教えてくださった暦本純一先生や，HCI 研究で多数の交流を深めてくださった情報処理学会 HCI 研究会の皆様に，深くお礼申し上げます．

　また，執筆時にキーボードに乗って威嚇したり腕の上で眠ったりし，休憩タイミングを指示してくださった，文鳥たちにもお礼申し上げます．

　さらに，本書作成にあたり図表の転載許可をいただきました研究者や機関の皆様，校正や装丁，組版，図版作成，印刷，製本など本書の完成にお力添え賜りました関係者の皆様と，講談社サイエンティフィクの皆様にお礼申し上げます．

2022 年 12 月 玉城絵美

● 参考文献

第1章

- Card, S.K. (Ed.): *The Psychology of Human-Computer Interaction,1st edition*, CRC Press (1983).

- NASA: Technology Readiness Levels (2012), available from 〈https://www.nasa.gov/ directorates/heo/scan/engineering/technology/technology_readiness_level〉(accessed 2022-11-09).

第2章

- ISO: ISO 226:2003 Acoustics — Normal equal-loudness-level contours (2003), available from 〈https://www.iso.org/standard/34222.html〉(accessed 2022-11-09).

- Cherry, E.C.: Some experiments on the recognition of speech, with one and with two ears, *J Acoust Soc Am*, Vol.25, pp.975–979 (1953).

- Laing, D.G., Doty, R.L. and Breipohl, W. (Eds.): *The Human Sense of Smell*, Köster, E.P. and de Wijk, R.A.: Olfactory Adaptation, pp.199–215, Springer (1991).

- 実践マルチメディア［改訂新版］編集委員会：実践マルチメディア [改訂新版], 画像情報教育振興協会（2018）.

- 味博士：かき氷のシロップの味は " 幻覚 " だったのかを味覚センサーで検証してみた！, 味博士の研究所 (2015), 入手先〈https://aissy.co.jp/ajihakase/blog/archives/6608〉(参照 2022-11-09).

第3章

- Mehrabian, A.: *Silent Messages*, Wadsworth (1971). 西田 司, 津田幸男, 岡村輝人, 山口常夫 (訳)：非言語コミュニケーション, 聖文社 (1986).

- Sutherland, I.E.: A head-mounted three dimensional display, *AFIPS '68 (Fall, part I): Proc. December 9–11, 1968, fall joint computer conference, part I* , pp.757–764 (1968).

第4章

- 株式会社オサチ：痛み定量化装置の開発, 第 5 回新機械振興賞受賞者業績概要, pp.9–12 (2007).

- Hosono, S., Miyake, T. and Tamaki, E.: PondusHand: Estimation method of force applied to fingertips using user's forearm muscle deformation based on calibration with mobile phone's touch screen, *9th IEEE RAS/EMBS International Conference for Biomedical Robotics and Biomechatronics (BioRob)*, (2022).

- 中村裕美, 宮下芳明：電気味覚メディア構築のための生理学的知見, コンピュータソフトウェア, Vol.33, No.2, pp.43–55 (2016).

- 亀岡嵩幸, 宮上昌大, 浅井晴貴, 高木省吾, 荒生太一, 市川裕駿, 日下雅博, 大下雅昭：失禁体験装置―尿失禁感覚再現装置の開発とその応用, エンタテインメントコンピューティングシンポジウム 2018 論文集, pp.70–73 (2018).

- Ultrasound BabyFace: LABOUR PAIN EXPERIENCE, available from 〈https://www.ultrasoundbabyface.com/labour-pain-experience.html〉 (accessed 2022-11-09).

第5章
- 椎尾一郎：ヒューマンコンピュータインタラクション入門，サイエンス社（2010）．
- Norman, D.A.: *The Psychology of Everyday Things*, Basic Books (1988). 野島久雄（訳）：誰のためのデザイン？―認知科学者のデザイン原論，新曜社（1990）．
- Norman, D.A.: *The Design of Everyday Things, Revised and Expanded Edition*, Basic Books (2013). 岡本 明，安村通晃，伊賀聡一郎，野島久雄（訳）：誰のためのデザイン？増補・改訂版―認知科学者のデザイン原論，新曜社（2015）．
- 岡田謙一，西田正吾，葛岡英明，仲谷美江，塩澤秀和：IT Text ヒューマンコンピュータインタラクション 改訂2版，オーム社（2016）．

第6章
- Reason, J.: *Human Error*, Cambridge University Press (1990).
- Norman, D.A.: *The Design of Everyday Things, Revised and Expanded Edition*, Basic Books (2013). 岡本 明，安村通晃，伊賀聡一郎，野島久雄（訳）：誰のためのデザイン？増補・改訂版―認知科学者のデザイン原論，新曜社（2015）．
- 暦本純一：BADUISM, NextReality（2008），入手先〈https://rkmt.hatenadiary.org/entries/2008/06/28〉（参照 2022-11-09）．
- 中村聡史：失敗から学ぶユーザインタフェース―世界は BADUI であふれている，技術評論社（2015）．
- 中村聡史：楽しい BADUI の世界，入手先〈http://badui.org/〉（参照 2022-11-09）．

第7章
- 寺沢秀雄，渡辺 衆，小泉弘之，星村隆史，酒井宏明：Found Behavior 手法を用いたデザインワークショップ，日本デザイン学会研究発表大会概要集，Vol.55（2008）．
- 川喜田二郎：続・発想法―KJ 法の展開と応用，中央公論社（1970）．
- ISO: ISO 9241-11:2018 Ergonomics of human-system interaction — Part 11: Usability: Definitions and concepts (2018), available from 〈https://www.iso.org/standard/63500.html〉 (accessed 2022-11-09).
- ISO: ISO/TR 16982:2002 Ergonomics of human-system interaction — Usability methods supporting human-centred design (2002), available from 〈https://www.iso.org/standard/31176.html〉 (accessed 2022-11-09).
- ISO: ISO 9241-210:2019 Ergonomics of human-system interaction — Part 210: Human-centred design for interactive systems (2019), available from 〈https://www.iso.org/standard/77520.html〉 (accessed 2022-11-09).
- IIID: Definitions, available from 〈https://www.iiid.net/home/definitions/〉 (accessed 2022-11-10).

- 大和田龍夫：研究テーマ「情報デザイン」(2001)，入手先〈http://www.kecl.ntt. co.jp/csl/msrg/members/owada/page001.html〉(参照 2022-11-10).

第 8 章
- Jordan, P.W., Thomas, B., McClelland, I.L. and Weerdmeester, B.A. (Eds.): *Usability Evaluation in Industry*, Brooke, J.: SUS: A 'quick and dirty' usability scale, pp.189–194, CRC Press (1996).
- 仲川 薫，須田 亨，善方日出夫，松本啓太：ウェブサイトユーザビリティアンケート評価手法の開発，第 10 回ヒューマンインターフェース学会紀要，pp.421–424（2001）.
- Chin, J.P., Diehl, V.A. and Norman, K.L.: Development of an instrument measuring user satisfaction of the human-computer interface, *CHI '88: Proc. SIGCHI Conference on Human Factors in Computing Systems*, pp.213–218 (1988).
- Kirakowski, J.: SUMI, available from 〈https://sumi.uxp.ie/index.html〉(accessed 2022-11-09).
- WAMMI.: WAMMI, available from 〈http://www.wammi.com/〉(accessed 2022-11-09).
- Bradley, M.M. and Lang, P.J.: Measuring emotion: The Self-Assessment Manikin and the Semantic Differential, *J Behav Ther Exp Psychiatry*, Vol.25, No.1, pp.49–59 (1994).
- 高田晴子，高田幹夫，金山 愛：心拍変動周波数解析の LF 成分・HF 成分と心拍変動係数の意義－加速度脈波測定システムによる自律神経機能評価，総合健診，Vol.32, No.6, pp.504–512（2005）.
- 早野順一郎，岡田暁宣，安間文彦：心拍のゆらぎ：そのメカニズムと意義，人工臓器，Vol.25, No.5, pp.870–880（1996）.
- 新沼大樹，杉田典大，吉澤 誠，阿部 誠，本間経康，山家智之，仁田新一：同一映像複数回視聴による 3D 映像の生体影響評価，計測自動制御学会東北支部第 279 回研究集会，資料番号 279-4, pp.1–5（2013）.
- 村井潤一郎(編著)：Progress & Application 心理学研究法 第 2 版，サイエンス社(2021).
- 佐藤昭夫，対馬信子，藤森聞一：Studies on response patterns of the galvanic skin response and photoelectric digital plethysmogram in cats, *Jpn J Physiol*, Vol.15, pp.413–422（1965）.
- 加藤和夫，志子田有光，望月菜穂子，石川敦雄，小林宏一郎，小林哲生：視覚情報の差異に伴う心的活動変化の自発脳波律動に基づく評価の試み，人間工学，Vol.44, No.2, pp.67–75（2008）.
- Schnitzler, A. and Gross, J.: Normal and pathological oscillatory communication in the brain, *Nat Rev Neurosci*, Vol.6, No.4, pp.285–296 (2005).
- 岡本秀彦：脳磁法，脳科学辞典（2021），入手先〈https://bsd.neuroinf.jp/wiki/ 脳磁法〉(参照 2022-11-09).
- 金桶吉起，柿木隆介：MEG と fMRI を併用する脳機能計測－その有用性と危険性，計測と制御，Vol.42, No.5, pp.374–378（2003）.

- 株式会社NTTドコモ："もしも渋谷スクランブル交差点を横断する人が 全員歩きスマホだったら？", PR TIMES (2014), 入手先〈https://prtimes.jp/main/html/rd/p/000000001.000009864.html〉(参照 2022-11-09).

第9章

- Williams, R.: *The Non-Designer's Design Book, 4th Edition*, Peachpit Press (2014). 吉川典秀（訳）, 小原 司, 米谷テツヤ（日本語版解説）：ノンデザイナーズ・デザインブック 第4版, マイナビ出版 (2016).

- Matsui, K., Ogasawara, K., Tamaki, E. and Iwasaki, K.: Urine computer interaction to avoid spattering: Study of urination handling, *AH '13: Proc. 4th Augmented Human International Conference*, pp.77–80 (2013).

- Hyman, R.: Stimulus information as a determinant of reaction time, *J Exp Psychol*, Vol.45, No.3, pp.188–196 (1953).

- Hick, W.E.: On the rate of gain of information, *Q J Exp Psychol*, Vol.4, No.1, pp.11–26 (1952).

- Miller, G.A.: The magical number seven, plus or minus two: Some limits on our capacity for processing information, *Psychol Rev*, Vol.63, No.2, pp.81–97 (1956).

- Cowan, N.: The magical number 4 in short-term memory: A reconsideration of mental storage capacity, *Behav Brain Sci*, Vol.24, No.1, pp.87–114 (2001).

- Hull, C.L.: The goal-gradient hypothesis and maze learning, *Psychol Rev*, Vol.39, No.1, pp.25–43 (1932).

- Nielsen, J.: End of Web Design, Nielsen Norman Group (2000), available from 〈https://www.nngroup.com/articles/end-of-web-design〉 (accessed 2022-11-09).

- Kurosu, M. and Kashimura, K.: Apparent usability vs. inherent usability: Experimental analysis on the determinants of the apparent usability, *CHI '95: Conference Companion on Human Factors in Computing Systems*, pp.292–293 (1995).

- Reber, R., Schwarz, N., and Winkielman, P.: Processing fluency and aesthetic pleasure: Is beauty in the perceiver's processing experience?, *Pers Soc Psychol Rev*, Vol.8, No.4, pp.364–382 (2004).

- Redelmeier, D.A. and Kahneman, D.: Patients' memories of painful medical treatments: Real-time and retrospective evaluations of two minimally invasive procedures, *Pain*, Vol.66, No.1, pp.3–8 (1996).

第10章

- 総務省：1-3 位置情報の活用とxR, ICTスキル総合習得教材, 入手先〈https://www.soumu.go.jp/ict_skill/pdf/ict_skill_1_3.pdf〉(参照 2022-11-09).

- Gelernter, D.: *Mirror Worlds: Or: The Day Software Puts the Universe in a Shoebox... How It Will Happen and What It Will Mean*, Oxford University Press (1991).

- Brindley, G.S. and Lewin, W.S.: The sensations produced by electrical stimulation of the visual cortex, *J Physiol*, Vol.196, No.2, pp.479–493 (1968).

- 長谷川良平：ブレイン - マシン インタフェースの現状と将来，電子情報通信学会誌，Vol.91，No.12，pp.1066–1075（2008）．

- 独立行政法人理化学研究所，トヨタ自動車株式会社，株式会社豊田中央研究所，株式会社コンポン研究所：脳波で電動車いすをリアルタイム制御—Brain Machine Interface (BMI) の新しい脳信号処理技術を開発（2009），入手先〈http://www.riken.jp/pr/press/2009/20090629/〉（参照 2022-11-09）．

- Juskalian, R.: A new implant for blind people jacks directly into the brain, MIT Technology Review (2020), available from〈https://www.technologyreview.com/2020/02/06/844908/a-new-implant-for-blind-people-jacks-directly-into-the-brain/〉(accessed 2022-11-09).

- Mashat, M.E.M., Li, G. and Zhang, D.: Human-to-human closed-loop control based on brain-to-brain interface and muscle-to-muscle interface, *Sci Rep*, Vol.7, No.11001 (2017).

- 石井 裕：タンジブル・ビット：ビットとアトムを融合する新しい UI，MacPeople，2005 年 10 月号（2005）．

- Wang, Y., Biderman, A., Piper, B., Ratti, C. and Ishii, H.: SandScape, Tangible Media Group, available from〈https://tangible.media.mit.edu/project/sandscape/〉(accessed 2022-11-09).

- Tangible Media Group: SandScape 2002, vimeo (2012), available from〈https://vimeo.com/44538789〉(accessed 2022-11-09).

- Leithinger, D., Follmer, S., Olwal, A. and Ishii, H.: Physical telepresence: Shape capture and display for embodied, computer-mediated remote collaboration, *UIST '14: Proc. 27th annual ACM symposium on User interface software and technology*, pp.461–470 (2014).

- 内閣府：Society 5.0，入手先〈https://www8.cao.go.jp/cstp/society5_0/〉（参照 2022-11-09）．

Index

索引

著者紹介

玉城絵美 (たまきえみ)

琉球大学工学部教授／ H2L, Inc. CEO

1984 年沖縄生まれ. 2006 年琉球大学工学部情報工学科卒業. 筑波大学大学院システム情報工学研究科修士課程, 東京大学大学院学際情報学府博士課程を修了(総長賞受賞)し, ヒューマンコンピュータインタラクションを研究. 2011 年ヒトの手の動きを電気刺激で制御する「ポゼストハンド」を発表し, 同年米 TIME 誌の「世界の発明 50」に選出される. 米ディズニー・リサーチ社インターン, 早稲田大学理工学術院准教授などを経て, 2021年より琉球大学工学部教授. 2012 年 H2L, Inc. 創業 (2021 年より CEO). 2020 年国際会議 Augmented Human にて Special Recognition Award 受賞. 2022 年 World OMOSIROI Award 8th. 受賞.

NDC548   190p   21cm

新しいヒューマンコンピュータインタラクションの教科書 (あたら) (きょうかしょ)
基礎から実践まで (きそ) (じっせん)

2023 年 2 月 14 日　第 1 刷発行

著　者　玉城絵美 (たまきえみ)

発行者　髙橋明男

発行所　株式会社　講談社

KODANSHA

〒112-8001　東京都文京区音羽 2-12-21
　　販　売　(03) 5395-4415
　　業　務　(03) 5395-3615

編　集　株式会社　講談社サイエンティフィク

代表　堀越俊一

〒162-0825　東京都新宿区神楽坂 2-14　ノービィビル
　　編　集　(03) 3235-3701

本文データ制作　株式会社　トップスタジオ

印刷・製本　株式会社　ＫＰＳプロダクツ

Printed in Japan

ISBN 978-4-06-530263-7